U0287172

Materials and Interfaces for Clean Energy

面向清洁能源的材料与界面

邱永福（Yongfu Qiu）　　杨世和（Shihe Yang）　　著

科学出版社

北京

图字：01-2023-4834 号

内 容 简 介

纳米材料是纳米技术、信息技术和生物技术的基础，也是当今技术发展的重要驱动力。本书主要介绍面向清洁能源的材料与界面的理论及其应用的最新进展，并阐述材料和界面的开发与能源应用之间的联系。全书共7 章，重点介绍清洁能源领域应用的材料与界面的最新进展，包括新材料合成、材料界面工程、碳量子点发光材料、锂离子电池、钙钛矿太阳电池及电催化水分解。

本书可作为高校化学、材料、能源和环境相关专业的高年级本科生及研究生的教学用书，也可供专业教师、科技人员及相关行业人士参考。

图书在版编目(CIP)数据

面向清洁能源的材料与界面 / 邱永福，杨世和著. —北京：科学出版社，2023.10

ISBN 978-7-03-075577-3

Ⅰ．①面⋯　Ⅱ．①邱⋯　②杨⋯　Ⅲ．①无污染能源–纳米材料　Ⅳ．①TB383

中国版本图书馆 CIP 数据核字(2023)第 088114 号

责任编辑：郭勇斌　邓新平　常诗尧 / 责任校对：杨　赛
责任印制：赵　博 / 封面设计：众轩企划

科 学 出 版 社 出版

北京东黄城根北街 16 号
邮政编码：100717
http://www.sciencep.com

北京科印技术咨询服务有限公司数码印刷分部印刷
科学出版社发行　各地新华书店经销
*

2023 年 10 月第 一 版　开本：720×1000　1/16
2024 年 10 月第二次印刷　印张：11 1/4
字数：218 000

定价：98.00 元
(如有印装质量问题，我社负责调换)

序

　　人类社会的发展常以材料的进步来划分，如石器时代、铜器时代、铁器时代等，因此新材料的革命往往标志着文明的飞跃。在近代科学发展史上，元素周期表的发现促进了对元素外层电子结构和元素间键合性质的理解，加深了对材料性质与其成分和结构之间的关系的认识。基于这些科学探索和认识，科学家们得以设计和制备出各种各样、琳琅满目的新材料，如金属材料、半导体材料、陶瓷材料、聚合物材料等。理论与实践的相辅相成，对科学技术的发展起到了巨大的推动作用。在 20 世纪末，人们进一步认识到，材料的性质也可以通过控制其尺寸、形态、维度等来进行设计，由此开启了纳米材料的新时代。碳是纳米材料新时代的先驱，从 0D 富勒烯、1D 碳纳米管到 2D 石墨烯，延伸到无数材料系统。可以说，纳米材料是纳米技术、信息技术和生物技术的基础，是当今技术发展的重要驱动力。

　　21 世纪初，诺贝尔化学奖得主理查德·E. 斯莫利（Richard E. Smalley）把直接影响现代社会繁荣的能源问题列为未来 50 年人类所面临的十大问题之一。化石燃料是目前主要的能源，但是对化石燃料的过分依赖也引发了人们对未来能源短缺、气候变化和环境恶化等问题的担忧，因此，目前急需寻找可替换化石燃料，能实现碳中和的可持续能源。太阳能无疑是当前最有潜力满足未来全球需求的可持续能源。我们知道，全球人类社会运行每年所需的电力约 10TW，只要能够利用照射到地球上阳光能量的 0.01%，就足以完全满足。然而，目前全球利用的太阳能能量占全球总消耗能量的比例低于 1%，主要是由于太阳能的捕获和利用成本太高。因此，如何有效地捕获丰富的地面太阳能，并以低成本将其转化为可运输的太阳能燃料，是真正亟待解决的科学技术问题，也是纳米材料能大显神通的地方。理查德·费曼（Richard Feynman）在他富有远见的演讲《底部有足够的空间》中，提出了材料发展的新领域，推动了纳米材料的迅速发展。在过去几十年中，对纳米材料的形态-功能关系的理解，以及利用纳米材料设计出能够直接把太阳能转化为太阳能燃料的系统，极大地提高了化石燃料向太阳能燃料过渡的可能性。

　　目前介绍各种新材料基础理论和应用的书籍繁多，但是关于面向清洁能源的具体材料和界面的理论和应用的知识还缺乏系统总结，因此本书愿意抛砖引玉，旨在介绍针对清洁能源领域应用的最新纳米材料开发。当然本书不能详尽无遗介绍相关领域的知识，而是从作者自身的经验和观点出发，叙述纳米材料开发与能源应用之间的密切联系。本书分为 7 章：第 1 章是绪论，随后 6 章将专门介绍清洁能源领域应用的材料和界面的最新进展，即：新材料合成、材料界面工程、碳量子点发光材料、锂离子电池、钙钛矿太阳电池及电催化水分解。

感谢本课题组历届学生为本书提供了大量的内容。本书参阅的主要文献资料也都已列出，若有疏漏，还望理解和见谅。在此，向所有为本书提供参考信息的文献作者表示衷心的感谢！感谢国家自然科学基金(批准号：22272022)为本书顺利出版提供部分经费支持。

受限于作者的水平，书中难免有不足之处，敬请读者批评指正。

目　　录

第1章 绪 论

1.1 价电子能级转换

根据量子力学理论，分子和材料中价电子在不同电子轨道上一般具有不同的能级，因此，在不同轨道之间的电子跃迁将会引起化学键合及能级变化。本节中涉及的几种清洁能源器件的能量转换机理正是基于这种价电子能级的变化。以下用一个简单反应为例进行说明：

$$2H_2(g, 10^5 Pa) + O_2(g, 10^5 Pa) \longrightarrow 2H_2O(l)$$

$$\Delta H = -571.7 \, kJ \cdot mol^{-1}, \quad \Delta G = -474.4 \, kJ \cdot mol^{-1}$$

氢气氧化燃烧变成水是一个释能反应（即放热反应），反应时电子从 H_2 迁移到 O_2。在不可逆的反应过程中，通常化学能会转化为热能 Q，而在可逆反应过程中，理论上，无论以何种途径进行，输出最大的有用功是 $-237.2 \, kJ \cdot mol^{-1}$。

$$不可逆：H_2(g, 10^5 Pa) + 1/2 \, O_2(g, 10^5 Pa) \longrightarrow H_2O(l)$$

$$Q = \Delta H = -285.9 \, kJ \cdot mol^{-1}$$

$$可逆：H_2(g, 10^5 Pa) + 1/2 \, O_2(g, 10^5 Pa) \longrightarrow H_2O(l)$$

$$W_{max} = \Delta G = -237.2 \, kJ \cdot mol^{-1}$$

实际上，通过电子定向移动，化学能可以直接转换成电能。结合具体的电动势 E 和迁移电子数 n，反应能够输出的最大电能为 ΔG。

$$阳极：H_2 \longrightarrow 2H^+ + 2e^-$$

$$阴极：\frac{1}{2}O_2 + 2H^+ + 2e^- \longrightarrow H_2O$$

$$E = \frac{-\Delta G(T, P_0)}{nF}$$

氢气氧化燃烧变成水是一个释能反应，反过来水的分解需要吸收能量，是一个储能反应（即吸热反应）。太阳能作为一种清洁能源，如果储存在这类储能反应的产物中，就会得到太阳能燃料。太阳能燃料是化石燃料的一种最佳替代品。光子可以参与水分解反应，同时光子能量转换成化学能。例如，当水分解为氢气和氧气是不可逆储能反应时，光子能量转化为化学能的最大值效率 η 为

$$光电阳极：H_2O \xrightarrow{h\nu} \frac{1}{2}O_2 + 2H^+ + 2e^-$$

$$阴极：2H^+ + 2e^- \longrightarrow H_2$$

$$\eta = \frac{\Delta G}{2E_{h\nu}}$$

1.2 能量转换中的材料和界面

为了实现 1.1 节所述价电子能量的转换和储存，需要设计适合的器件，器件里需要合适的材料和界面来负责价电子和对应电荷的迁移、传输和储存。在能量转换过程中，活性材料和界面类型很重要。因此，以下将简要介绍能量转换中常用的一些重要材料和界面类型。

1.2.1 纳米材料

20 世纪 80 年代起，研究人员已经设计和合成出不同维度的纳米材料，包括：零维(0D)纳米颗粒(nanoparticles，NP)、一维(1D)纳米棒/纳米线/纳米管、二维(2D)纳米片以及三维(3D)复杂结构(图 1.1)。在纳米材料的发展历史里，从发现富勒烯到碳纳米管，再到石墨烯，碳材料在这飞速发展中一直充当主角。各类碳纳米材料的独特物理性质和化学性质与其尺寸、形状及维度息息相关。根据量子力学原理，当至少有一个空间维度达到量子限域的纳米尺度时，纳米材料就会显示出独特电子态密度(density of states，DOS)的能谱，例如，0D 纳米材料的电子态密度表现为线谱，1D 纳米材料显示出范霍夫奇点，2D 纳米材料则呈阶梯状特征(图 1.1)，这些独特的能谱特性为新能量转换器件设计提供了新思路。此外，纳米材料在微观结构上也具有独特的性质，如在锂离子电池中纳米电极材料具有较短的离子扩散距离、较大的表面积、较高的表面反应动力学活性等。

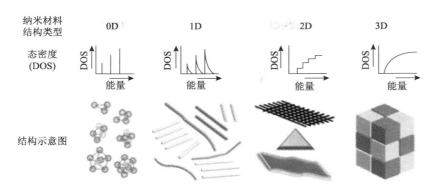

图 1.1 各维度(0D、1D、2D、3D)纳米材料结构示意图

1.2.2 电活性和光活性材料

如前面所述,常见的能量转换反应基于价电子态的变化,即电子的态-态跃迁、转移、氧化还原态的变化等。在能量转换反应过程中,要经历一系列的电子迁移步骤。例如,要将化学能转化为电能,电子需要从具有较高能级、比较活泼富电子分子或材料迁移至缺电子分子或材料中能级较低的空轨道,这之间需要经历一系列的电子迁移步骤。为了提高电子迁移效率,需要设计先进的能量转换器件微观结构,还需要有能够便于快速电荷迁移和传输的分子或材料,即电池、太阳电池、太阳能燃料和发光器件中的氧化还原分子或材料、运输材料和电荷迁移控制材料。以光能转换器件为例,除了需要精细的器件设计外,首先需要合适的光活性分子或材料来有效捕获光子,然后进一步用捕获的光子能量使光吸收剂中电荷分离,最后还要能有效地将分离的电荷传输到相反方向的位置上。具有独特性质的光活性分子或材料是完成这些过程的关键。

1.2.3 催化材料

对于涉及化学反应的能量转换体系,较高的反应能垒会导致能量转换效率降低较大。催化材料是一种可以有效降低反应能垒、提高能量转换效率的材料。例如,某些半导体具有合适的能带位置用于光电化学水氧化或还原,但半导体纯净表面上吸附中间产物形成一个巨大能垒阻碍氧气或氢气的生成。这就需要通过增加过电位克服反应能垒以加速氧气或氢气的生成,但这样会降低能量利用效率。如果引入催化材料,即催化剂,来提供氧化还原反应位点,反应能垒即活化能就会降低,而反应动力学速率和电极效率会相应地得到提高,所以助催化剂的运用对改善反应动力学速率至关重要。在半导体材料与助催化剂之间界面处存在内置电场，可以有效地促进界面电荷分离以消耗反应过程中产生的光生载流子，提高光电极和助催化剂在光照射下的稳定性。值得注意的是，如果沉积的助催化剂尺寸较小且呈较好的分散分布状态，同时保持良好的催化活性，那么该助催化剂可以认为在光学上是"透明的"，不会明显影响半导体对光的吸收。

在理想的水分解光电化学电池中，高效的析氢反应（hydrogen evolution reaction，HER）和/或析氧反应（oxygen evolution reaction，OER）助催化剂必须对其各自的反应具有高活性，这意味着电池应该能够以最小的过电位尽快产生氢气或氧气。一般来说，金属（如 Pt，Rh，Ru，Ir 和 Ni）以及过渡金属氧化物、硫化物或磷化物（如 NiO_x，MoS_2，Ni_2P 等）可作为 HER 助催化剂，而金属磷酸盐（如 Co-P 等），金属氧化物（如 IrO_x，RuO_x，CoO_x 等），镍、铁或钴基氢氧化物（如 NiOOH，FeOOH，CoOOH 等），金属（如 Ni 和 Bi 等），层状双氢氧化物（layered double hydroxide，LDH）等均可作为 OER 助催化剂。

1.2.4　界面

界面是能量转换器件中一个重要的组成部分，对界面上的化学反应、电荷分离与迁移发挥重要作用。因此有效构建纳米界面是提高器件能量转换效率的一种策略。例如，在理想的光电化学水分解电池中，主要有三种类型界面：半导体-半导体界面、半导体-助催化剂界面和光电极-电解液界面（图 1.2）。这些界面可以调节局域电荷分离与迁移，对光电化学水分解的性能和稳定性具有很大的影响作用。具体来说：①半导体-半导体界面能够提供额外的弯曲能带以促进电荷分离，并且能够稳定表面原子的排列以抑制电荷复合。②半导体-助催化剂界面上助催化剂通常是分散的纳米颗粒或多孔膜，在光电化学水分解时，可以有效地传导电荷，减少表面电荷积累，抑制副反应发生。一般来说，在较优条件下使用高效的助催化剂有利于光电化学的性能提高。但是光电极的光电化学性能对助催化剂的负载量非常敏感，特别是对较大比表面积的纳米结构光电极。因此较多的助催化剂通常也会导致电荷迁移长度明显增加，以致产生严重的表面电荷复合，从而降低光电化学的性能。此外，半导体-助催化剂界面上可能存在许多缺陷和不匹配的界面能级，导致分离和传输过程中的电荷再严重复合。这种情况下，助催化剂的选择以及半导体-助催化剂界面的优化至关重要。③光电极-电解液界面是决定表面催化性能的另一个重要因素，性能优异的光电极-电解液界面可以提高其亲水性并促进传质、气泡分离和氧析出。因此深入研究界面结构对了解光电化学水分解机理以及进一步优化和开发光电化学水分解电池具有重要的意义。

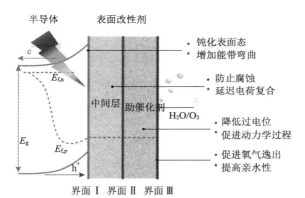

图 1.2 光电化学水氧化界面工程示意图及可能的影响因素

本书的主要内容是介绍面向清洁能源的材料和界面。其中纳米材料是新材料，由于小尺寸效应，价电子在量子尺度上受到限制而形成独特的电子态密度，从而显示独特的物理性质和化学性质；而界面是反应的前沿阵地，对材料的性质起着关键性的作用。本章是绪论，随后 6 章将专门介绍清洁能源领域应用的材料和界面的最新进展，即：新材料合成、材料界面工程、碳量子点发光材料、锂离子电池、钙钛矿太阳电池及电催化水分解。

第 2 章　新材料合成

新材料是指在传统材料的基础上新开发或正在开发的具有优良性能的材料，按组成成分可分为四类：金属材料、无机非金属材料（如陶瓷、砷化镓半导体等）、有机高分子材料和高级复合材料，按性能也可分为结构材料和功能材料。结构材料主要利用其机械和物理化学性能，一般具有高强度、高刚度、高硬度、耐高温、耐磨损、耐腐蚀、耐辐射等特性；功能材料则依其电、磁、声、光热等性能来实现某些功能，如复合新材料、超导材料、能源材料、智能材料、磁性材料、纳米材料等。能源材料在能量转换和环境保护方面尤为重要，主要包括发光材料、能源转换材料、储能材料、太阳电池材料、制氢材料和储氢材料等。本章精选了碳量子点、金属硫化物、金属氧化物、层状双氢氧化物、二元非金属过渡金属化合物和全无机三卤化物钙钛矿纳米晶这几种具有代表性的清洁能源材料，按它们的形貌结构（0D、1D、2D 和 3D），对其合成方法进行了介绍和说明。

2.1　碳量子点合成

碳量子点（carbon quantum dots，CQDs）是一种优良的荧光纳米材料，自 2006 年首次被发现以来，碳量子点作为新型量子点（quantum dots，QDs）族得到研究人员广泛关注。从字面上即知，CQDs 是典型的一类零维（0D）碳纳米颗粒，其直径小于 10 nm，具有清晰的石墨晶体结构，晶面（002）间距为 0.34 nm。常用 CQDs 合成方法有两种：自上而下合成法和自下而上合成法。自上而下合成法是指通过化学、电化学（electrochemical，EC）或物理方法将较大的碳颗粒分解或分裂成较小的碳颗粒；而自下而上合成法是指将有机小分子热解或碳化聚集，或将芳香小分子逐步地进行化学键合。通常选定前驱体和合成方法就基本确定了所合成的碳量子点的物理化学性质，如尺寸、结晶度、氧/氮含量、荧光的量子产率（quantum yield，QY）特性、胶体稳定性以及相容性等。

自上而下合成法：首次报道的荧光碳量子点是用自上而下的方法合成的。在水汽气氛下，以氩气为载气，通过激光烧蚀石墨，得到中间产物，再对中间产物进行酸氧化处理和表面钝化得到荧光碳量子点。一般来说，石墨颗粒、石墨烯或氧化石墨烯（graphene oxide，GO）片、碳纳米管（carbon nanotubes，CNTs）、碳纤维和碳烟等碳材料具有完好的 sp^2 轨道结构，但缺乏产生荧光的有效带隙，所以不产生荧光。利用自上而下合成法减小这些材料的尺寸后，可以形成能够产生荧光的碳量子点。基于自上而下原理，研究人员开发了许多将碳结构分解为碳量子点的方法，如电弧放电法、激光烧蚀法、反应离子刻蚀（reactive ion etching，RIE）、纳米光刻法、电化学氧化法、水热或溶剂热法、微波辅助法、超声波辅助法、化学剥离法、光芬顿反应法及硝酸/硫酸氧化法。这些合成方法工艺很复杂，也不好精确控制，产率和量子产率都相对较低，有些甚至会对环境造成危害，因此不宜用于批量生产高荧光量子产率的碳量子点。

自下而上合成法：相比于自上而下合成法，自下而上合成法有很多优点，突出地表现在能够通过挑选设计合适的前驱体并精确控制工艺，非常好地制备出具有明确分子量、尺寸、形状和性质的碳量子点。自下而上合成法具有低成本、高效率且能够批量合成的优点，这是荧光碳量子点产业化应用的前提。目前已用甲苯激光辐照法、柠檬酸或碳水化合物水热处理法、苯衍生物分步溶液化学方法、六苯并蔻（hexabenzocoronene，HBC）碳化法以及前驱体热解法成功制备出碳量子点。除上述前驱体外，其他具有丰富羟基、羧基和氨基的分子也是很好的碳前驱体，如甘油、抗坏血酸和氨基酸，它们可以在高温下脱水，碳化成碳量子点。研究者报道了一种用柠檬酸和乙二胺的水热处理的简易方法较大量地合成出氮掺杂碳量子点。这种方法先合成出类似聚合物的碳量子点，然后再碳化成碳量子点，它的量子产率约为 80%。另外，通过调整试剂配比或辅助无机基质的量（如 H_3PO_4、KH_2PO_4、NaOH），可以有效地调节碳量子点的发射光色和量子产率。例如，Bhunia 等通过改变碳水化合物和脱水剂（H_3PO_4、H_2SO_4）的种类，在不同温度下克量级合成出具有不同发射光色的高荧光量子产率碳量子点，这些碳量子点产生的荧光光色在蓝到红之间可调。这种方法通过改变脱水剂和反应温度来控制成核和生长动力学，能够控制碳量子点的化学成分和粒径（控制在 10 nm 以下），使得碳量子点具有相对高的荧光量子产率。

2.2 硫化亚铜纳米线阵列的合成

自 21 世纪以来，用于合成纳米材料的自下而上的合成方法得到了突飞猛进的发展，富勒烯、碳纳米管、各种各样纳米颗粒和纳米线等都相继运用该方法被成功合成出来。进一步把纳米材料应用于器件，就需要用新技术将纳米材料组装成有序的纳米结构阵列或更高层次的纳米结构。有序的纳米结构阵列或更高层次的纳米结构既可以增强对外部信号变化（如电磁场或化学物质）的响应，也可以构建具有多功能协同响应的器件系统。纳米线各向异性使得它比球形纳米颗粒更难组装成水平阵列或者垂直阵列的大结构。目前，尽管通过微流控通道溶剂流动法和 Langmuir-Blodgett 沉积法等后组装策略可以获得水平纳米线阵列（nanowire arrays，NWAs），但这些方法依旧无法组装垂直纳米线阵列。垂直纳米线阵列具有许多对组装器件非常重要的特性，如增大锂离子电池的容量和倍率，提高染料敏化太阳电池的光耦合和电子寿命等。

制备垂直纳米线阵列的经典方法是通过使用阳极氧化铝（anodic aluminum oxide，AAO）膜和轨迹蚀刻聚碳酸酯膜等模板来实现。例如，Ozin 和 Martin 等使用纳米多孔膜作为模板来制备纳米管和纳米棒阵列。虽然模板方法很实用和简便，但移除模板很麻烦，往往伴随纳米线的团聚。另外，垂直纳米线阵列也可以通过气-液-固（vapor-liquid-solid，VLS）和氧化物辅助工艺制造。然而，VLS 方法及其类似方法通常需要高温或者催化剂，或两者都需要，这就限制了该方法的广泛应用。过去几年中，研究人员一直在研究一种替代方法，可以将纳米线直接生长和聚集在金属基底上。该方法中金属基底本身是反应物的一部分，不需要模板和催化剂的情况下将纳米线生长成垂直阵列，不再需要后续组装步骤，因此该方法具有简单、反应条件温和、成本较低的优点。本节将以气固（gas-solid，GS）法在铜基底上生长硫化亚铜纳米线阵列为例进行说明。

气固法反应条件异常简单和温和。在室温下将清洁良好的铜箔暴露在 O_2 和 H_2S 的气氛中，在铜基底上获得了均匀的黑色薄膜，这是一个均匀的 Cu_2S 纳米线阵列[图 2.1（a）]。该阵列由直径为 50～70nm，长度为 7～16μm，大致垂直于基板表面的纳米线组成。这些纳米线具有晶体结构，由于活性氧的存在，其中一些纳米线的表面有一层薄薄的氧化物涂层（fcc Cu_2O）[图 2.1（b）]。

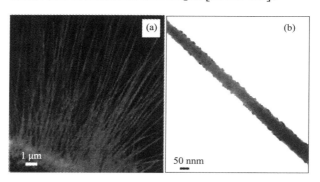

图 2.1   （a）铜箔上生长的 Cu_2S 纳米线阵列的扫描电子显微镜（scanning electron microscope，SEM）图像；（b）单个 Cu_2S 纳米线的透射电镜（transmission electron microscope，TEM）图像

为了解纳米线生长机理，对 Cu_2S 纳米线的早期生长阶段进行研究，发现当铜表面与 H_2S/O_2 混合气体的反应时间为 10min 时，主要形成一层 Cu_2O 层；当反应时间>20min 时，Cu_2O 层上开始出现 Cu_2S 核；成核后，Cu_2S 纳米结构进一步沿着垂直于铜表面的方向生长成纳米线（约 100min）。如图 2.2（a）所示，随着生长时间的延长，最后形成有周期性整齐排列的 Cu_2S 纳米线阵列。气固法

制备的纳米线不仅直而且直径均匀(d 约为 40 nm)，长度为几百纳米。在生长过程有一个诱导期，在诱导期时 Cu_2S 先成核，之后便快速生长成纳米线，有趣的是，每根纳米线由一个内单晶核和一个外壳组成，如图 2.2(b) 所示。通过结合选区电子衍射(selected-area electron diffraction，SAED)和暗场成像，证实是内单晶 Cu_2S 的核被多晶 Cu_2O 的外壳包围[图 2.2(c，d)]。

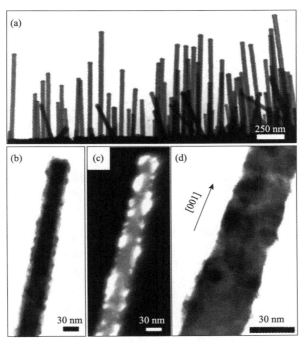

图 2.2　(a)铜栅表面生长的 Cu_2S 纳米线的 TEM 图像；(b~d)核/壳结构、(200)Cu_2S 衍射的暗场成像(Cu_2O 壳亮点对比度)和 Cu_2S 纳米线高分辨率透射电子显微镜(high resolution transmission electron microscope，HRTEM)成像

　　研究发现，尽管 $2Cu(s)+H_2S(g)\Longrightarrow Cu_2S(s)+H_2(g)$ 反应在室温($\Delta G°=$ $-52.8\ kJ·mol^{-1}$)下是放热反应，但在铜表面上形成 Cu_2S 纳米线，O_2 是必不可少的。纳米线的形成始于氧化反应 $2Cu(s)+1/2O_2(g)\Longrightarrow Cu_2O(s)$，然后是硫化反应 $Cu_2O(s)+H_2S(g)\Longrightarrow Cu_2S(s)+H_2O(g)$。这些过程可能对应上述纳米线成核的诱导期。实验结果不支持 Cu_2S 纳米线生长是基于成熟的 VLS 生长机理，因为没有在纳米线尖端观察到类似滴状的特征。无论哪种机理，纳米线生长点必须在两端中的一端，即根部或尖端。靠近铜表面可以为纳米线生长提供必要物质，因此根部生长机理可能是更加合理的。然而，在这种生长机理中，纳米线生长过程会受到动力学上的阻碍，更重要的是，根部生长机理无法解释在反应过程中 Cu_2S 纳米线为什么会变厚或变薄。用尖端生长机理反而可以解释目前观察到的结果，假

设纳米线从尖端生长，根部提供原料，这就需要有一个非常有效的穿过纳米线的输送通道，以便输送铜离子等原料。因此，研究人员提出一个纳米线的生长机理，如图 2.3 所示：首先 Cu_2O 硫化形成 Cu_2S 核后[图 2.3(a～c)]，Cu_2S 在其晶体各向异性的驱动下，沿着一维方向垂直生长[图 2.3(c, d)]；接着为了维持纳米线生长，O_2 被吸附在纳米线尖端并还原，在纳米线尖端留下电子空穴和 Cu^+ 空位，电子空穴和 Cu^+ 空位从 Cu_2S 纳米线的尖端向下迁移到根部被对应的电子或者 Cu^+ 填充而再湮灭；最后，在纳米线尖端形成的 Cu_2O 核与 H_2S 反应转化为 Cu_2S。纳米线生长就以这种方式继续在尖端进行，生长过程中硫层和铜层交织在一起，有文献报道在铜表面生长 Cu_2S 薄膜也表现出类似的机制。

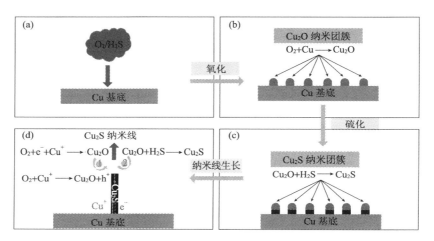

图 2.3　铜表面 Cu_2S 纳米线阵列尖端生长机理示意图：(a)存在 O_2 和 H_2S 的铜表面；(b)Cu_2O 纳米核形成；(c)Cu_2S 纳米核形成；(d)Cu_2S 纳米线的尖端生长

2.3　硫化银纳米线阵列的合成

气固(GS)法也成功地用于在银基底上制备 Ag_2S 纳米线。当预氧化的银基底暴露在室温或略高于室温的 O_2/H_2S 混合物气氛中时，Ag_2S 纳米线大量生成，直径为 40～150 nm，纵横比高达 1000。研究结果表明，纳米线的直径和形貌主要由纳米线生长速率和 Ag^+ 从基底到纳米线活性中心的扩散速率决定。在低温下，生长的纳米线中的 Ag^+ 扩散预计会很慢。随着纳米线越来越长，Ag^+ 供应变得越来越不足，为了维持单根纳米线的生长，纳米线的顶部越来越细，从而形成尖端锋利的纳米结构。然而，随着温度的升高，Ag^+ 扩散速率增加，为纳米线尖端生长提供了充足的 Ag^+，因此，单个纳米线的直径更加均匀，尖端相对较钝。这有力地支持了 Ag_2S 纳米线的尖端生长机理。

2.4　氧化铁纳米线阵列的合成

用气固法制备金属氧化物纳米线阵列存在一个问题，即金属离子在金属氧化物中的扩散通常比在相应的硫化物中的扩散慢。通过提高反应温度、使用适当的氧化气体以及选择正确的金属/金属氧化物可以有效地解决这个问题。经过试验，在与金属熔点相当的高温下，通过气固法，分别在锌和铁基底上成功地合成了 ZnO 纳米带阵列和 α-Fe$_2$O$_3$ 纳米带/纳米线阵列。

在氧气流下直接热氧化，能在低温区（约 700℃）生成 α-Fe$_2$O$_3$ 纳米带，但在相对较高的温度下（约 800℃），形成柱状纳米线。纳米带和纳米线大多是长度为几十微米的双晶体，沿着晶向[110]方向生长。两个温区的纳米带和纳米线的生长方向表明生长速率各向异性和表面能量决定最终纳米形貌。

图 2.4（a，b）显示了在 700℃下制备的样品的 SEM 图像。可以看出，纳米丝紧密排列成阵列，大致垂直并均匀覆盖于基板表面，纳米丝是厚度为几纳米的纳米带[图 2.4（c）]。通常，在这样的制备条件下获得的纳米带厚度约为 5～10nm，宽度约为 30～300nm，长度约为 5～50μm。

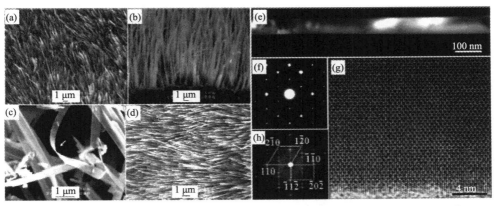

图 2.4　铁基底上 α-Fe$_2$O$_3$ 纳米带和纳米线阵列：（a，b）700℃时合成的纳米带阵列的 SEM 俯视图和侧视图；（c）从基底转移纳米带的高倍 SEM 图像；（d）800℃时合成的纳米线阵列的 SEM 俯视图；α-Fe$_2$O$_3$ 纳米线的（e）暗场 TEM 图像、（f）SAED 图、（g）HRTEM（FFT）图和（h）FFT 图分析图

图 2.4（d～h）所示为在 800℃下制备的纳米线。衍射对比[图 2.4（e）]表明其为圆柱形线形态，而 SAED 图案[图 2.4（f）]表明为双晶结构，HRTEM 图像[图 2.4（g）]和快速傅里叶变换（fast Fourier transform，FFT）[图 2.4（h）]进一步证实了这个结论。显然，大多数合成的 α-Fe$_2$O$_3$ 纳米带和纳米线具有双晶结构，并且纳米结构沿着[110]方向生长。

　　α-Fe$_2$O$_3$ 一维生长的独特形貌进一步支持了尖端生长机理。首先，α-Fe$_2$O$_3$ 沿 [110] 方向生长，因为 [110] 晶面氧原子较多，而铁原子较少，反应活性更强，有利于 Fe^{3+} 运输，从而使纳米带朝 [110] 方向生长。其次，随着纳米带的生长，尖端部分 Fe^{3+} 供应不足，纳米带会变窄和变薄。最后，我们发现低温合成有利于纳米带的形成，高温合成有利于纳米线的生长，这种纳米带到纳米线的形貌转变虽然与表面能有关，但与不同温度下沿不同晶体方向具有不同离子扩散速率有极大的关系，特别是 Fe^{3+} 沿丝状轴向方向的加速扩散有助于纳米线的形成，而不利于锥形纳米带生成。

2.5　氢氧化铜和氧化铜纳米线阵列的合成

　　用固溶法制备纳米线阵列。无机纳米线阵列的液固（liquid-solid，LS）法机理与气固法的机理不同，因为固液反应中溶剂可以作为反应离子传输的载体，基底上成核以后，基底继续产生金属离子并通过溶液输送到纳米线尖端维持垂直生长。用液固法制备 Cu(OH)$_2$ 纳米带阵列，先要将 Cu$_2$S 纳米线作为牺牲前驱体或者把铜片表面暴露在 O$_2$ 下，在氨碱溶液中反应一段时间，铜箔上就生长出整齐排列的 Cu(OH)$_2$ 纳米带阵列，整个生长过程中，铜片表面可能经历下列反应：

$$Cu + O_2 + NH_3 \longrightarrow Cu[NH_3]_n^{2+} \tag{2-1}$$

$$\left[Cu(NH_3)_n\right]^{2+} \longrightarrow \left[Cu(NH_3)_{n-1}(OH)\right]^{+} \longrightarrow \left[Cu(NH_3)_{n-2}(OH)_2\right] \longrightarrow \cdots$$
$$\left[Cu(OH)_n\right]^{(n-2)-} \longrightarrow Cu(OH)_2(纳米带)$$
$$\tag{2-2}$$

　　图 2.5 显示了在室温下直接从铜栅极生长 12h 的 Cu(OH)$_2$ 纳米丝的 TEM 图像。纳米丝的弯曲和扭曲部分显示变薄了 [见图 2.5(a) 中的箭头]，一般来说圆柱形纳米线不会发生这种变薄，说明了纳米丝是带状形貌，也就是纳米带。这些纳米带的宽度为 20～130nm，厚度为几纳米，长度为几十微米。图 2.5(b) 显示了宽度为 60 nm 的单个 Cu(OH)$_2$ 纳米带的低倍 TEM 图像，尽管表面上可以看到一些微小的空洞，但相应的能量色散谱（energy dispersive spectroscopy，ED 谱）[图 2.5(b) 插图] 证实，纳米带是单晶结构。斑点选区域 ED 图表明纳米带生长方向是沿着正交 Cu(OH)$_2$ 的 [010] 晶轴，表明纳米带的生长方向为 [100]。纳米带的 HRTEM 图像如图 2.5(c) 所示，间距为 0.28 nm 的清晰条纹与 (110) 晶面之间的距离非常匹配。图 2.5(c) 插图显示，[110] 方向与纳米带轴线形成约 20° 的角度，接近于 [010] 和 [110] 正交晶 Cu(OH)$_2$ 之间的角度，这进一步证实了纳米带沿 [100] 生长方向生长。

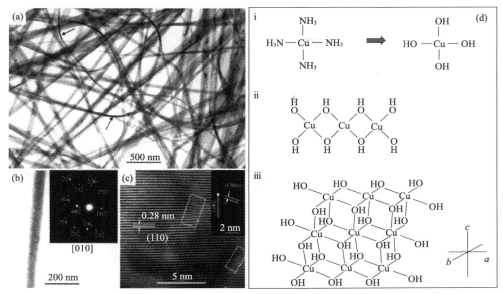

图 2.5　(a)生长在铜网栅上 Cu(OH)$_2$ 纳米带的 TEM 图；(b)单个 Cu(OH)$_2$ 纳米带的 TEM 图和 ED 谱图(插图)；(c)纳米带及其带边截面的 HRTEM 图(插图)；(d)Cu(OH)$_2$ 纳米带各向异性组装生长示意图

　　Cu(OH)$_2$ 纳米带的形成可能是通过一种配位组装的机理。该机理如图 2.5(d)所示。首先，Cu^{2+} 与 OH$^-$(i)进行方形平面配位，产生伸展链(ii)，在最终产物上这就是纳米带的最终方向。接着，这些伸展链通过—OH 基团与 Cu^{2+} 的 d$_{z^2}$ 轨道配位成键，形成 2D 结构(iii)，形成纳米带的最终宽度。最后，2D 层通过相对较弱的氢键堆叠在一起，形成 3D 晶体。实质上，不同晶体方向的键合性质决定其生长速率，从而决定最终的纳米带形貌。

　　Cu(OH)$_2$ 纳米带阵列进一步在恒流 N$_2$ 气氛下经过 120～180℃热处理，转化为 CuO 纳米带，形貌没有发生明显变化，反应方程式如下：

$$Cu(OH)_2 \xrightarrow{\triangle} CuO + H_2O \qquad (2\text{-}3)$$

　　图 2.6 是 Cu(OH)$_2$ 和 CuO 纳米带薄膜 SEM 和 TEM 图。Cu(OH)$_2$ 纳米带均匀、平滑且紧密地覆盖在铜表面[图 2.6(a)]，与铜表面基本呈垂直排列[图 2.6(b)]。热处理后，形成 CuO 纳米带阵列，如图 2.6(c)所示，虽然纳米带有些收缩，但带状形态保存完好。图 2.6(c)和(d)是 TEM 图谱(内插 SAED 图谱)和 XRD 图谱，证实了 Cu(OH)$_2$ 纳米带完全转化为 CuO 纳米带。图 2.6(e)是在 5℃下反应 96h 后所获的 CuO 纳米带阵列的 SEM 图像，可以看到 CuO 纳米带仍保持着垂直 Cu 基底的阵列结构。图 2.6(f)中的 HRTEM 图像显示，单个 CuO 纳米带是一个晶体，但结晶度不理想，有波纹和间断条纹。通常，在较强的氧化剂和强碱作用下，如

（NH₄）₂S₂O₈ 和 NaOH，通过溶解-沉淀机理，经历复杂的缩聚反应和脱水反应，在 Cu 基底表面上可以生成一系列 Cu(OH)₂ 和 CuO 的 1D 纳米结构阵列。合成条件决定了纳米结构的形貌，在强氧化剂和强碱条件下，有一些中间相形成，如 Cu(OH)₂ 纳米纤维和纳米管，以及 CuO 纳米片、纳米棒和纳米带等。

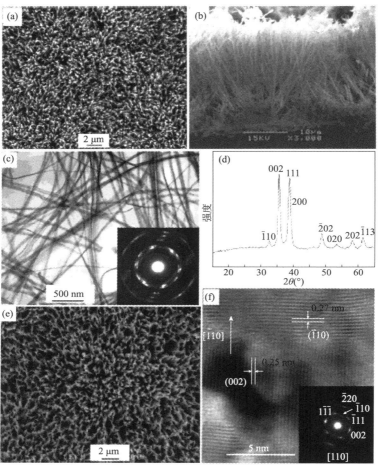

图 2.6　Cu(OH)₂ 纳米带阵列的 (a) 俯视和 (b) 侧视 SEM 图；Cu(OH)₂ 转化为 CuO 纳米带阵列的 (c) TEM 图谱 (内插 SAED 图谱) 和 (d) XRD 图谱；CuO 纳米带阵列的 (e) 俯视 SEM 图；单个 CuO 纳米带的 (f) HRTEM 图和 SAED 图谱

2.6　超薄氧化锌 1D 纳米线阵列的合成

在氨/醇/水混合溶液中对锌基片进行水热处理，锌基片上形成超薄 ZnO 纳米线阵列。ZnO 纳米线厚度为 3～10nm，长约 500nm。超薄 ZnO 纳米线的生长机理与

Cu(OH)$_2$ 纳米带的生长机理非常相似。根据固溶法的机理，我们对它进一步发展，设计用电势控制纳米线在基片上生长。在氨醇混合物的碱性溶液中，首先采用电化学沉积法，在 Zn 阴极上合成了有序的 8 nm 厚度的超薄 ZnO 纳米带和 ZnO 纳米棒阵列。虽然 Zn 的阳极和阴极都沉积了 ZnO，但只在阴极上生成垂直的 ZnO 纳米棒阵列。这些结果表明，阳极电解生成氧气，然后使锌片表面氧化，形成氧化锌核。成核后，通过阳极电化学氧化或阴极化学氧化，ZnO 纳米棒继续生长。外加电势的影响如图 2.7 所示，在没有外加电势[图 2.7(a)]时，没有发现 ZnO 的一维纳米结构；当施加 0.4V 电势时，阴极上生成垂直排列的 ZnO 纳米棒阵列[图 2.7(b)]；进一步将电势增加到 1.5V 时，就会形成稍长一些的 ZnO 纳米带(200nm)，并大致集成束状形貌[图 2.7(c)]；当电位最终提升到 3.8V 时，获得 1μm 长的 ZnO 纳米带，并完全集成致密的纳米束，这样表面能最小[图 2.7(d)]。以上的实验结果表明，ZnO 的一维阵列是通过以下阴极反应结合原位成核和随后的一维尖端生长形成的。

$$Zn + O_2 + 2H_2O + 2e^- \longrightarrow Zn(OH)_4^{2-} \quad \varphi^o = 0.554 \text{ V} \tag{2-4}$$

$$Zn(OH)_4^{2-} \longrightarrow ZnO + H_2O + 2OH^- \tag{2-5}$$

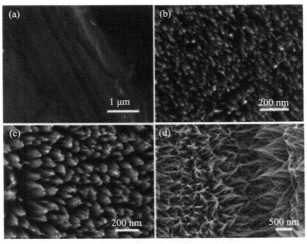

图 2.7　Zn 阴极施加不同电势生成的 ZnO 产物的 SEM 图：(a) 0V；(b) 0.4 V；(c) 1.5 V；(d) 3.8 V。
其他条件：[H$_2$O$_2$]=22 mmol·L^{-1}；pH=12

2.7　原位 Cu$_2$S/Au 核/壳结构纳米线阵列的合成

用导电纳米层对纳米线阵列进行表面修饰有望增加更多功能，甚至可能产生全新的纳米复合材料，这些材料可用于传感器、探测器、充电电池、能源和信息处理设备。通过电化学氧化还原反应可以在 Cu$_2$S 纳米线表面上覆盖一层金薄膜。

在氧化还原过程中，Cu_2S 纳米线作为沉积 Au 的阴极，铜基板作为铜溶解的阳极，$HAuCl_4$ 水溶液作为电解液。在反应初期，Cu_2S 纳米线必须具有导电性，确保能持续进行镀金反应。随后，金薄膜形成后自身将形成一个更好的导电路径。由于 $AuCl_4^-/Au$ 还原电位远低于 Cu^{2+}/Cu，因此 Au 在 Cu_2S 纳米线上沉积与 Cu 在铜基板上溶解同时自发进行。图 2.8（a～c）是 Cu_2S 纳米线在镀金前（a）和镀金后（b，c）的典型 TEM 图。在涂层之前，纳米线表面相对光滑[图 2.8（a）]，直径约为 60 nm。浸入涂层溶液中 1h 后，纳米线的直径增加至约 100nm[图 2.8（b，c）]。虽然涂层后纳米线表面变得更粗糙，但纳米线表面被金薄膜紧密覆盖。粗糙的表面表明 Au 薄膜是多晶的，它是 Au 以纳米晶的形式沉积在 Cu_2S 纳米线表面，聚集形成了连续的涂层。图 2.8（d）中的 ED 图证实了 Au 薄膜层具有多晶性（环形图）以及 Cu_2S 内核具有单晶性（离散衍射点）的特点。

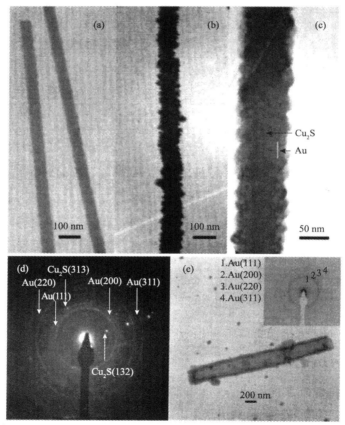

图 2.8　镀金前（a）、后（b，c）Cu_2S 纳米线 TEM 图；（d）单个 Cu_2S/Au 核/壳结构纳米线的 ED 图；（e）Cu_2S/Au 核/壳结构纳米线去除 Cu_2S 核后的金纳米管 TEM 和 ED 图

用酸蚀去除 Cu_2S/Au 核/壳结构中的 Cu_2S 核，生成金纳米管。图 2.8（e）是长

时间浸泡在酸性溶液后制备出来的金纳米管的 TEM 图和 ED 图。它的直径约为 300nm，壁厚 50nm，可以清楚看到金纳米管一端是封闭的，另一端是开口的。ED 图[图 2.8(e)插图]显示金纳米管具有多晶的面心立方结构，而没有显示 Cu_2S 衍射光斑说明它已经被去除了。

2.8 原位 Cu_2S/聚吡咯核/壳结构纳米线阵列的合成

聚吡咯(polypyrrole，PPY)是一种典型的导电聚合物(conducting polymer，CP)，具有较高的导电性和良好的环境稳定性。然而，聚吡咯因固有的难降解性，无法通过传统技术使其与其他材料混合形成纳米复合材料。即使无机核/壳结构纳米颗粒是通过包覆和催化原位聚合的方法合成的，导电聚合物沉淀于底部与核/壳纳米颗粒混合导致不易分离。采用界面聚合技术，通过控制聚合时间、吡咯浓度和吡咯与氧化剂的比例使聚吡咯涂层停留在氯仿和水的界面层，然后再涂覆在 Cu_2S 纳米线上。用此技术，研究人员成功地在 Cu_2S 纳米线上涂覆了一层 20~50nm 厚的均匀且黏附良好的聚吡咯涂层。

PPY 涂层结果如图 2.9 所示。用于 PPY 涂层的阵列 Cu_2S 纳米线长约 5 μm，彼此隔离，并且大致垂直于基板表面[图 2.9(a)]。原位吡咯聚合 2.0h 后，纳米线形态明显保留[图 2.9(b)]。此外，PPY 包覆的 Cu_2S 纳米线之间的间隙中没有看到 PPY 沉淀，表明薄的 PPY 层与 Cu_2S 核心紧密相连。图 2.9(c)的 TEM 图像显示了吡咯聚合后的核/壳纳米线。可以看到直径为 65 nm 的 Cu_2S 纳米线核被 20 nm 厚的 PPY 保形涂层紧密包裹。图 2.9(c)插图中的 SAED 图证明了 Cu_2S 内核的单晶结构保持不变。Cu_2S 纳米线对环境敏感且机械脆性大，PPY 层不仅可以提高 Cu_2S 纳米线的导电性，还可以提高其稳定性和机械性能。

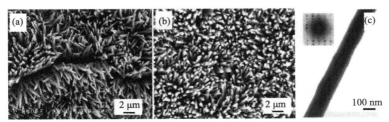

图 2.9 Cu_2S 裸纳米线阵列(a)和吡咯聚合 2.0h 后得到的有 PPY 涂层的 Cu_2S 纳米线阵列(b)的 SEM 图；(c)涂有 PPY 的单个 Cu_2S 纳米线的 TEM 图和 SAED 图

2.9 超细 Bi_2O_3 纳米线合成

Bi_2O_3 是一种具有重要特性的材料，它具有半导体特性(α-Bi_2O_3 的带隙 E_g 为

2.85 eV，β-Bi$_2$O$_3$ 的 E_g 为 2.58 eV）、高折射率（$n_{\delta\text{-Bi}_2\text{O}_3} = 2.9$）、高介电常数（$\varepsilon_r = 190$）、高氧电导率（$1.0\ \text{S·cm}^{-1}$）以及高光电导性和高光激发性，因此，其纳米线已成为近年来一个有趣的研究课题。虽然已经有一些关于 Bi$_2$O$_3$ 纳米线合成的报告，但对直接控制合成 α-Bi$_2$O$_3$ 和 β-Bi$_2$O$_3$ 纳米线还未见报道。在这样的背景下，研究人员运用氧化金属气相传输沉积技术及相选择技术成功合成了 α-Bi$_2$O$_3$ 和 β-Bi$_2$O$_3$ 纳米线，这是其他方法难以实现的。在对纳米线生长条件进行一系列细致研究的基础上，进一步提出了纳米线的生长机理。

纳米线生长装置如图 2.10 所示，该装置由一个长 120 cm 且直径 10 cm 的水平管式炉、一个有两个进气口和一个出气口的石英管（长度为 100 cm、直径为 5 cm）以及一个气流控制系统组成。氧化铋纳米线合成方法如下：将 1.5 g 铋粉用作金属源，加载到石英基片上并置于高温区；在石英管的开口端放置一片铝箔用作产品沉积基板，再将石英管安装在管式炉的中间；用高纯度氮气流（>99.995%，600 cm^3·min^{-1}）冲刷石英管 40min，去除系统中的所有空气；此后，保持 600 cm^3·min^{-1} 的氮气流量，同时管式炉以 30℃·min^{-1} 的速率加热至 800℃；在 300℃ 或更高温区，通过脉冲或连续注入方式将氧气注入石英管；这个温度持续 8h 后，让系统在 100 cm^3·min^{-1} 的氮气流中自然冷却至室温；然后仔细收集沉积在基片上的淡黄色产物，用于表征和测量。

图 2.10　Bi$_2$O$_3$ 纳米线合成装置示意图

沉积在 450～550℃ 和 250～350℃ 两个不同温区铝箔基板上的纳米线产物分别命名为 Bi$_2$O$_3$-NW500 和 Bi$_2$O$_3$-NW300。XRD 图谱表明 Bi$_2$O$_3$-NW500 具有 α-Bi$_2$O$_3$ 晶体结构，而 Bi$_2$O$_3$-NW300 则具有亚稳态 β-Bi$_2$O$_3$ 晶体结构。图 2.11 中的扫描电子显微镜图像显示，Bi$_2$O$_3$-NW500 由非常均匀的纳米线组成，直径为 80～200 nm，长达数百微米；而 Bi$_2$O$_3$-NW300 只有超薄纳米线，直径约为 7 nm，长为几微米。因此，在现有的实验条件下，可以选择性地制备该两种晶体结构的纳米线产物。能量色散 X 射线谱（energy dispersive X-ray spectroscopy，EDS）如图 2.12 所示，纳米线尖端显示有一小液滴，液滴由 100% 的 Bi 金属组成，而纳米线主体由 Bi 和 O 组成，Bi 和 O 的比例大约为 2：3。

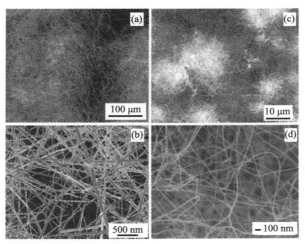

图 2.11　(a)刚制备出来的 Bi$_2$O$_3$-NW500(α-Bi$_2$O$_3$ 纳米线)的 SEM 图和(b)相应放大的图；
(c)刚制备出来的 Bi$_2$O$_3$-NW300(β-Bi$_2$O$_3$ 纳米线)SEM 图和(d)相应放大的图

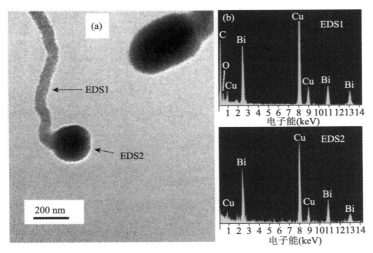

图 2.12　(a)刚制备出来的 Bi$_2$O$_3$-NW300(β-Bi$_2$O$_3$ 纳米线)的 TEM 图。(b)为(a)中箭头区
所示纳米线部位的 EDS 图

　　经过系统研究氮气流量、样品收集区、供氧位置、蒸发温度和反应时间等实验条件后，提出了 α-Bi$_2$O$_3$ 和 β-Bi$_2$O$_3$ 纳米线的生长机理。β-Bi$_2$O$_3$ 纳米线的生长经过氧化气相传输—氧化—沉积机理，该机理与气液固(VLS)机理类似，但与之前报道的耦合氧化反应不同。简言之，高温下首先生成 Bi 蒸气，β-Bi$_2$O$_3$ 晶种可能黏附在 Bi 液滴上(800℃或以上)，再经氮气流快速迁移到低温区，然后注入氧气进一步氧化以维持 β-Bi$_2$O$_3$ 纳米线继续生长。因此，正如在实验中发现的那样，

可以通过改变蒸发温度、氮气流量、氧气注入模式和浓度以及收集区温度来控制 β-Bi$_2$O$_3$ 纳米线的尺寸和形貌。

　　图 2.13 是 α-Bi$_2$O$_3$ 纳米线气固生长机理的示意图。Bi 蒸气首先与氧气反应生成 BiO$_x$，在 450～550℃下成核聚集，再进一步氧化成 α-Bi$_2$O$_3$。然后，α-Bi$_2$O$_3$ 纳米线通过气固（VS）生长机理沿[100]最快生长方向进行生长。当纳米线直径较小时，整个纳米线的横截面为圆形，直径相同，表面能最小。当纳米线直径增加到大于 1μm 时，由于体积能比表面能起到更大作用，纳米线横截面变成方形。另外，纳米线尖端逐渐变细可能是为了减小高能表面面积。

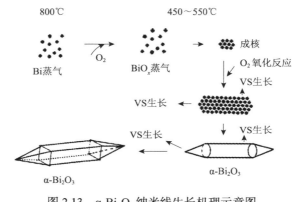

图 2.13　α-Bi$_2$O$_3$ 纳米线生长机理示意图

2.10　超细 ZnO 四足体纳米管合成

　　在文献报道中，ZnO 四足体通常用热蒸发法制备，其中 Zn 金属的蒸发、氧化、成核和生长均需在高温（>600℃）下进行。四足体一旦成核接着在高温区快速生长，尺寸就会变得特别大，跟文献报道的结果一致。如果用某种可控的方式抑制成核后的这种快速生长，那么四足体的大小和形态就能够得到控制。目前，研究人员开发了一种快速流动技术，该技术结合了金属气相输运、氧化成核/生长、快速流动降温抑制生长和水辅助清洗等方法，可以有效控制 ZnO 四足体的生长，并且通过一系列的系统研究，确定了一些影响 ZnO 四足体生长的关键影响因素。快速流动技术实现了 ZnO 四足体高温下成核并生长和快速流动至低温下抑制生长过程的时空分离，从而能够有效控制 ZnO 四足体尺寸大小和形貌，并可以在相对较低的温度下进行收集。利用该技术首次成功制备了臂直径小于 17 nm、长度为数百纳米的 ZnO 四足体（图 2.14）。

图 2.14　分别在 100℃（a）、300℃（b）和 500℃（c）温区收集的 ZnO 四足体的 SEM 图，
（a）、（b）和（c）内插图为放大后的图片

　　图 2.15 是 ZnO 四足体生长过程的示意图。首先，Zn 金属在高温（≥700 ℃）下被蒸发出压力足够高的 Zn 蒸气；然后，Zn 蒸气通过氮气流输送至低温区随后形成 Zn 团簇；在合适的温区（≥500 ℃）注入氧气，致使 Zn 和氧气结合成核并迅速生长。因为成核和生长温度及 Zn 蒸气压决定了四足体的大小和形貌，高温和高 Zn 蒸气压促使快速生长成大型四足体，反之则可能使成核/生长速度过慢，所以折中办法就是选择合适的进氧温度，既不过高也不过低，另外控制氮气的流速也很重要，氮气流能迅速地将高温区形成的四足体输送到低温区，从而有效地减缓或终止它们生长，同时使用以上两种技术，才能控制好 ZnO 四足体的尺寸和形貌。该生长方法存在一个 Zn 蒸气聚合形成大颗粒的问题，但通过在合适的温区添加水蒸气，利用水蒸气吸附在生长颗粒表面上抑制颗粒聚合，很好地解决了这个问题，制备出纯净的 ZnO 四足体。

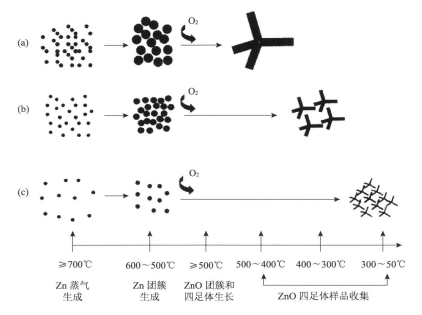

图 2.15　ZnO 四足体可能形成过程的示意图；(a)、(b) 和 (c) 方法分别与高、中
和低 Zn 蒸气压相对应

2.11　超细 ZnO 纳米管合成

　　柯肯德尔效应最初是在 Cu 和 CuZn 界面体扩散中观察到的，如今已被用于制备空心球形纳米颗粒及其连接而成的纳米链。但到目前为止，这种效应很少用于合成纳米管，原因之一是现用的纳米线通常直径太粗（约 100 nm），无法顺利地通过柯肯德尔效应转换为清晰良好的纳米管。以小分子为辅助经过气相传输沉积成功地合成了几纳米的超细 Zn 纳米线，接着在空气中以每分钟 15℃ 的速率把黑色 Zn 纳米线从 25℃ 加热到 400℃，并在 400℃ 下保持一段时间（0.5h 或者 4h），成功利用柯肯德尔效应将 Zn 纳米线转化为 ZnO 纳米管。

　　图 2.16（a～c）是 Zn 纳米线到 ZnO 纳米管转变过程中纳米线结构的 TEM 照片。原材料是单晶 Zn 纳米线，反应后可以清楚地看到，产物呈线状形态，缠结绕在一起，平均直径约为 8 nm。Zn 纳米线在 400℃ 空气中加热 30min 后，在纳米线内部可以看到一些气泡状空洞和空心槽，如图 2.16（b）所示；当加热到 4h，纳米线中的气泡状空洞变少，而空心槽变多，表明形成纳米管，纳米管的内径和外径分别约为 4nm 和 13nm，外径比原 Zn 纳米线有所增大。HRTEM 图显示成形的 ZnO 纳米管依然是单晶，条纹间距为 0.13 nm，与 (0004)ZnO 晶面间距一致，表

明 ZnO 纳米管生长方向是[0001]。

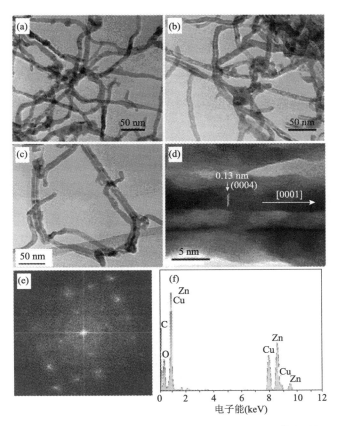

图 2.16　Zn 纳米线(a)、Zn(空洞)-ZnO 核-壳纳米线(b)和 ZnO 纳米管(c)的 TEM 图;(d)图片 (c)中单个 ZnO 纳米管的 HRTEM 图;(e,f)图片(d)中快速傅里叶变换(FFT)图和 EDS 图

　　图 2.17 中,ZnO 纳米管形成机理可以用柯肯德尔效应进行解释。首先,采用气相传输沉积技术在无氧环境中制备出 Zn 纳米线;然后将 Zn 纳米线在空气中从 25℃加热至 400℃,400℃加热持续 4h,Zn 纳米线表面即开始氧化并涂覆一层 ZnO,从而形成核-壳管状纳米结构;同时由于柯肯德尔效应,内部空洞开始形成,经过一段时间后,柯肯德尔空洞继续增大,最终形成 ZnO 纳米管。固态交叉扩散是柯肯德尔效应的关键步骤,Zn 纳米线通过柯肯德尔效应制备出 ZnO 纳米管,表明柯肯德尔效应方法很适合制备超细纳米管,为超细氧化物纳米管的制备提供一种新思路。

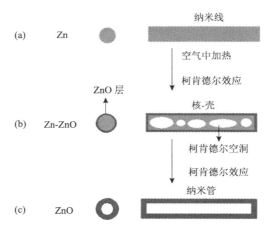

图 2.17　利用柯肯德尔效应制备 ZnO 纳米管的形成过程的示意图：(a) Zn 纳米线；(b) 内部有柯肯德尔空洞的 Zn(空洞)-ZnO 核-壳纳米线以及 (c) ZnO 纳米管

2.12　层状双氢氧化物合成

层状双氢氧化物(LDH)是一类二维(2D)阴离子黏土，由带正电的水镁石状主体层和可交换电荷平衡层间阴离子[图 2.18(a)]组成，可用 $[M^{2+}_{1-x}M^{3+}_{x}(OH)_2]^{x+} A^{n-}_{x/n}\cdot mH_2O$ 表示，通常，可以直接在溶液中沉淀混合金属氢氧化物制备出来。理论上，半径接近于 Mg^{2+} 的所有二价金属离子和三价金属离子都可以构成 LDH 的主体层。但是，过渡金属，尤其是 Fe^{3+} 在低 pH 下容易形成凝胶状氢氧化物，使得难以用均匀沉淀法合成过渡金属基 LDH(transition-metals-based LDH，TM-LDH)。另外，有研究表明，用尿素或六亚甲基四胺作为水解剂在水热条件下合成了高度结晶的过渡金属基 LDH 微孔板。该方法的关键点是利用尿素或六亚甲基四胺的逐步水解，使溶液呈碱性，并使 LDH 材料均匀成核和结晶，最后合成了高度结晶的过渡金属基 LDH。除水热法外，Ma 等还利用拓扑化学转化法，合理控制氢氧化物前驱体中过渡金属的氧化状态，合成了一系列具有高度结晶的六方微孔板结构 TM-LDH。研究人员开发了简便直接的电化学沉积法和微波辅助法，合成出各种类型的 LDH 二维材料，如 NiCo、CoAl 和 ZnCo 等 LDH 二维材料，大大拓宽了 LDH 合成领域的前景。

除了制备出纳米颗粒或纳米板结构外，LDH 基核-壳结构、纳米锥结构和纳米花结构也已经被报道制备出来了。Forticaux 等通过研究 ZnAl 和 CoAl LDH 的原型形貌结构，发现 ZnAl 和 CoAl LDH 是以螺旋变位方式生长的。通过控制和保持较低的前驱体溶液过饱和度，可以合成出形貌结构良好的 LDH 纳米板，而前驱体溶液过饱和度未得到合理控制时，层状结构生长过度，最终形成 LDH 纳米花形态结构。

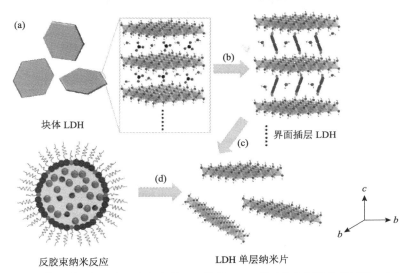

图2.18　(a) 沿晶体 c 轴堆集的金属氢氧化物八面体层 LDH 碳酸盐夹层结构的图示；(b) LDH 阴离子交换过程；(c) LDH 分层/剥离成单层纳米片；(d) 在反胶束中自下而上合成 LDH 单层纳米片

　　LDH 材料广泛运用于催化剂、催化剂前驱体、阴离子交换剂和电活性/光活性材料等领域，但是由于离子或者分子无法进入主体层内表面，它在许多领域的运用受到限制。为了有效解决该问题，合成出各向异性的单层 LDH 纳米片是非常关键的，因为单层 LDH 纳米片具有高比表面积而且充分暴露电化学活性位点。

　　LDH 纳米片制备方法一般有自下而上和自上而下两种。自上而下的方法主要是将大块 LDH 材料分层/剥离成单层纳米片，该方法是通过阴离子表面活性剂的离子交换插层来扩大水镁石层间距和减小水镁石层间相互作用[图 2.18(b)]来达到目的。通常情况下，剥离/分层需要用到高极性溶剂，如丁醇、丙烯酸酯和甲苯、甲酰胺以及其他溶液[图 2.18(c)]，这些溶剂可以和插层阴离子疏水性一端相溶解。因此，需要采取几个步骤克服上述层间高电荷密度的相互作用，实现大块 LDH 的完全剥离/分层。

　　除了自上而下的方法外，还可以通过自下而上的合成方法制备 LDH 纳米片。通常，先将前驱体水溶液与表面活性剂和助表面活性剂溶解于油相中，油相和水相形成反胶束，充当纳米反应器的作用，在纳米反应器中，由于空间受限，其中可用的反应物质有限，再经过缓慢共沉淀[图 2.18(d)]，最终致使 LDH 单层二维材料的形成。通过这种受限成核生长过程，成功地合成了 MgAl、NiAl 和 CoAl 的 LDH 单分子层。值得注意的是，该方法中要对水相和油相以及金属盐严格控制，才能合成出 LDH 纳米片，而且采用自下而上方法合成 LDH 纳米片在产量和种类上都存在一定的局限性。

因此，迄今为止自上而下方法依然是最为广泛运用的制备 LDH 纳米片的方法。近年报道了一种由 LDH 纳米片和 2D 碳材料(含有 GO 和 rGO 作为层间阴离子)组成的新型 LDH 复合材料。在新型 LDH 复合材料里催化金属和导电碳之间直接接触，致使 2D 异质结构 LDH 复合物除了具有高比表面积外，还呈现出了极高的电化学活性。因此，通过设计合理的纳米片结构，可以进一步提高 TM-LDH 的电化学活性。这对 LDH 在能量储存与转化相关过程中的应用至关重要，2.13 节将进行详细讨论。

2.13　二元非金属过渡金属化合物合成

随着对全球变暖、环境污染和能源安全问题的日益关注，人们对替代矿物燃料的清洁能源的需求不断增加。在各种清洁能源中，用电催化分解水制取氢气的成本效益较高，它为清洁能源的广泛应用带来了巨大的希望。电催化技术的核心是高效稳定的由地球含量较丰富的元素构成的电催化剂，这是高性能能量转换装置实现低成本运行所迫切需要的。过渡金属化合物(transition-metal compounds，TMC)是一类非常有吸引力的用于析氢反应(hydrogen evolution reaction，HER)的非贵金属电催化剂。该电催化剂中利用非金属原子掺杂入 TMC 晶体结构中实现可控的晶体结构组成和电子结构调控，进一步实现协同调节电催化活性和导电性，以提高其 HER 性能。因为二元非金属 TMC 具有非常好的电子结构和化学特性，近几年人们将其用作高效 HER 电催化剂的研究呈爆发趋势。

不同的合成方法将合成出具有不同形貌和结构的二元非金属过渡金属化合物，其对 HER 活性也明显不同。通常，二元非金属过渡金属化合物合成方法有两种：①掺杂异质非金属原子；②混合前驱体一步合成法。在 TMC 基础上掺杂异质非金属原子是合成二元非金属 TMC 最常用的合成方法，根据掺杂元素的类型，合成方法通常可以进一步分为磷化、硫化、硒化和氮化。固相/气相掺杂是合成二元非金属 TMC 的通用方法，但特别要注意尾气的后期处理。例如，硒粉和硫粉分别是用于硒化和硫化反应的通用试剂，硒化过程中原位生成的 Se 蒸气和 SeO_2 以及硫化过程中原位生成的 S 蒸气和 SO_2 都是有毒的，如果不进行尾气处理，将是非常危险的，而且也会造成环境污染。另外，PH_3 是一种高活性的磷化前驱体，其毒性极强，每升中含几毫克浓度就能置人于死地。虽然磷化广泛使用的是次磷酸盐 NaH_2PO_2、红磷粉末等毒性较小的磷化反应物，但对吸附原位生成 PH_3 和磷蒸气尾气进行后处理仍然非常必要。图 2.19(a)显示，可以利用原位生成 PH_3 的 NaH_2PO_2 前驱体，在 400℃下经过固相/气相反应，将 P 掺杂进入到二硫化钴(CoS_2)结构中。

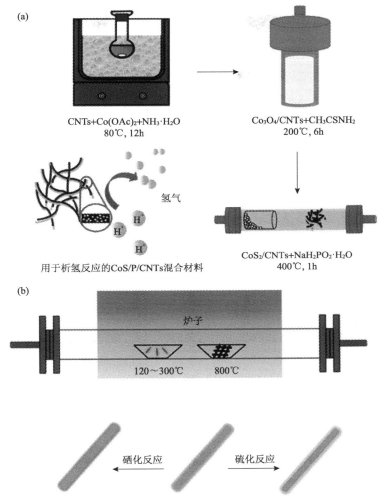

图 2.19　(a)掺杂异质非金属原子制备 CoS/P/CNTs 混合材料的示意图；(b)用一步合成法合成
WS$_{2(1-x)}$Se$_{2x}$ 纳米管的示意图

　　一步合成法是一种能够按照化学计量比形成确定成分的重要合成方法。Xiang
等报道了首次采用化学气相沉积(chemical vapor deposition，CVD)法合成单层
WS$_{2(1-x)}$Se$_{2x}$ 三组分化合物。Jin 等利用热解法合成了黄铁矿型硫代磷酸钴，这个
反应的关键是首先制备了硫代磷酸盐前驱体并将其置于载气上游，而将钴前驱体
置于下游。更加具体的例子如图 2.19(b)所示，He 等设计了一个区域热解系统来
合成 WS$_{2(1-x)}$Se$_{2x}$ 纳米管，其中将 S 和 Se 混合粉末放置于温度较低的石英管前端
区域，用以生成 S 和 Se 蒸气，而将 WO$_3$ 纳米线前驱体放置在温度较高的石英管
后端区域，以利于硫化和硒化反应。该方法中 S、Se 和 P 分子前驱体逐步热解成

高活性的原子至关重要。虽然目前使用热解法制备二元非金属 TMC 取得了一定的积极成果，但也存在一些重大缺陷，例如，由于硒的化学反应性低于硫的化学反应性，要形成化学计量比确定产物有点困难。但可以通过升高温度来提高硒的化学反应性，或者通过分离硒化和硫化反应区来改变硒化条件，因此，要获得具有化学计量比成分组成的产物，需要较长的高温反应时间。例如，Gaudin 等将化学计量比反应物的混合物置于 873K 高温下加热 10 天，得到了 $Ag_2Ti_2P_2S_{11}$ 单晶体；Mukherjee 等也采用了高温固相合成法，将石英管置于 973K 高温中加热 6 天，制备了 $FePS_3$ 晶体；为了合成不同 x 值的 $MoS_{2(1-x)}Se_{2x}$ 晶体，Sampath 等按化学计量比将钼、硫和硒粉末混合，并将混合物放在 1073K 的石英管中加热 3 天。除高温固相法外，还采用简易水热/溶剂热法和热注入法合成了二元非金属 $MoS_{2(1-x)}Se_{2x}$ 材料，例如，Yan 团队报道了通过油胺酸钼和油胺酸硒-十二烷基硫醇混合物反应制备含 S 掺杂的 $MoSe_2$ 纳米片，其中用作表面活性剂的十二烷基硫醇不仅可以促进硒在油酸酰胺中溶解，而且还可以降低基底片的表面能，从而制备产生出大量的裸露边缘点和有缺陷的纳米片。这些研究极大地拓宽了二元非金属 TMC 合成领域的前景。

2.14　全无机三卤化物钙钛矿纳米晶合成

全无机三卤化物钙钛矿纳米晶(nanocrystals，NCs)是一类新型超级半导体材料，具有优良的光电性能，在照明、激光、光子探测和光伏等领域有着广泛的应用前景。目前，研究人员已经开发了两类制备全无机钙钛矿纳米晶的方法，即溶液化学法和化学气相沉积法。CVD 法可以实现单晶 $CsPbX_3$（X = Cl, Br, I）纳米线在晶体基片上生长，但是相对较高的反应温度和形貌工程控制的难度，限制了该方法在制备各种形状、大小和维度的钙钛矿纳米晶中的应用。目前广泛使用的溶液法能够有效制备出包括零维 QDs 和纳米立方体、一维纳米线和纳米棒以及二维纳米板晶和纳米片的均质钙钛矿纳米晶。在本节中，简要介绍几种具有代表性的方法：高温热注法、配体介导再沉淀法、过饱和再结晶法、液滴微流控法和溶剂热合成法。在此基础上，总结一些钙钛矿纳米晶形貌和尺寸控制方法，讨论影响钙钛矿纳米晶形貌和尺寸的关键因素。

1. 高温热注法

2015 年，Kovalenko 团队在传统热注法(通常用于合成金属硫系化合物或氟化物的纳米晶)的基础上，率先制备了 $CsPbX_3$（X = Cl, Br, I 及其混合物）纳米晶。随后，有几个小组使用这种方法制备了具有不同卤化物成分、形状以及大小的 $CsPbX_3$ 纳米晶胶质。一般的实验步骤如下，在高温(如 140~200℃)下将油酸铯

快速注入含有 PbX_2、油酸 (oleic acid, OA) 和油胺 (oleylamine, OAm) 的十八烯溶液中以生成 $CsPbX_3NCs$。OAm 和 OA 的混合物可以溶解 PbX_2，使得到的钙钛矿纳米晶胶质较稳定，因此，羧酸和胺是成功合成钙钛矿纳米晶必不可少的。油酸铯能够用其他含铯的有机金属化合物取代，如硬脂酸铯和乙酸铯，而且使用易溶解的乙酸铯前驱体可以在不降低光电性能的情况下提高成型性能和减小尺寸。对于合成锡基卤化物的钙钛矿纳米晶 (如 $CsSnX_3$)，采用锡前驱体生成 SnX_2 和三正辛基膦 (用于轻度还原和配位溶剂) 复合物来替代 SnX_2。$CsPbX_3$ 纳米晶生成反应式可以表示为：

$$2Cs\text{-}OA + 3PbX_2 \longrightarrow 2CsPbX_3 \text{纳米晶} + Pb(OA)_2 \tag{2-6}$$

在这个反应中，PbX_2 是 X^- 的唯一来源，因此将有 1/3 的 Pb^{2+} 用于生成副产品油酸铅，所以，除了反应温度外，铅与铯的摩尔比 (R) 是制备 $CsPbX_3$ 钙钛矿纳米晶的另一个关键参数。一般要求 $R \geqslant 1.5$，例如，Kovalenko 和合作人员的第一次实验研究中，将 R 设置为 3.76。式 (2-6) 中，用过量卤化物反应生成 $CsPbX_3$ 纳米晶，油酸铯则是限量试剂。分离纯化前，除 $CsPbX_3$ 纳米晶外，油酸铅、油基卤化铵、OA 和 OAm 共存于反应产物中，它们都涂覆于纳米晶表面。Roo 和同行们发现，由于 $CsPbX_3$ 纳米晶本质上是离子型的，与配位基的相互作用使其也更离子化和不稳定，因此在分离和纯化过程中，与纳米晶表面结合的配体很容易消失。但是，在沉淀前添加微过量的 OA 和 OAm 可以保持纳米晶的胶质完整性和胶体荧光性质。此外，他们还证实了纯化后溶液中存在过量胺，通过提高与羧酸结合，有利于产物获得更高的量子产率。

油酸和长链烷基胺 (十二烷胺、油胺和正辛胺) 可以打破晶体内在的立方对称性，引导 $CsPbBr_3$ 进行二维生长。本方法以油酸和长链烷基胺为生长导向软模板，成功制备了厚度约 3.3nm、边长约 1μm 的 $CsPbBr_3$ 纳米片。Li 和其合作人员在研究了不同极性成分的乙醚类溶剂 (如乙二醇二丁醚、二甘醇二丁醚和四乙二醇二丁醚) 对 $CsPbBr_3$ 量子点成核和生长的影响之后，发现在极性成分较低的溶剂中，可以更好地控制量子点的大小和形貌，因此，反应介质也是热注合成 $CsPbX_3$ 纳米晶的关键参数。

高温热注法是目前制备 $CsPbX_3$ 纳米晶最广泛采用的方法，在制备高质量钙钛矿纳米晶上非常有前景。该方法使用 1-十八烯非配位溶剂，用 OA 和 OAm 作为配体来稳定生成的纳米晶，生成 $CsPbX_3$ 纳米晶经过两个独立的阶段：晶种介导成核后，再经表面活性剂吸附于特定晶面和自组装进一步定向生长而成。一般来说，大小均匀是纳米晶最重要的尺寸相关要素，由于在热注合成中成核和生长阶段相分离，无需进一步使用尺寸控制技术即可实现高度的单分散性。但需要注意，通常被认为艰难的一步是，目标所期望的相态、形状和尺寸的钙钛矿纳米晶很大程度上取决于反应产物混合物的分离和纯化。

2. 室温合成法

热注法的反应温度在注入前驱体较冷溶液时无法得到控制，导致产品批次间重现性低。在大规模生产中，这个问题亟待解决，所以其他替代方法研发非常必要。以下简要介绍新研发的几种室温合成法，这些方法很容易通过按比例增加每种反应物的量进行扩大。

1）配体介导再沉淀法

Akkerman 等报道了一种室温方法，即在 $PbBr_2$、Cs-OA、OAm、OA 和 HBr 的前驱体混合物中注入丙酮促使 $CsPbBr_3$ 纳米晶成核和生长，若没有丙酮注入则这些前驱体混合物不发生化学反应。其他极性溶剂，如异丙醇和乙醇，也能够促进卤化物钙钛矿纳米晶的成核和生长，但形貌控制效果不如丙酮。通过研究发现，丙酮极有可能破坏了 Cs^+ 和 Pb^{2+} 与溶液中各种分子复合物相互作用的稳定性，从而引发了粒子的成核聚结。

2015 年，Zhong 的研发团队开发了一种用于制备 $CH_3NH_3PbX_3$ (X = Cl, Br, I) 量子点的室温配体辅助再沉淀技术。随后，Deng 和合作人员采用这种形貌控制合成方法制备了全无机 $CsPbX_3$ (X = Cl^-, Br^-, I^-) 钙钛矿纳米晶。该方法在室温下通过包含极性溶剂[如 N, N-二甲基甲酰胺 (N, N-dimethylformamide，DMF)、四氢呋喃和二甲基亚砜]的前体溶液和非极性溶剂(如甲苯和己烷)混合来进行合成，前体溶液包含极性溶剂、PbX_2、Cs-OA、十八烯、有机酸和胺配体。

DMF 作为溶剂会少量溶解 $CsPbX_3$ (X = Cl, Br, I) 纳米晶，导致产率下降。为了解决该问题，Wei 等研发了一种在大气环境中制备 $CsPbBr_3$ 钙钛矿量子点的室温均相反应法，该方法能够制备克量级产品。该方法首先把 Cs^+ 和 Pb^{2+} 溶于各种有机溶剂(如氯仿、二氯甲烷、二甲苯或己烷和甲苯)形成混合溶液，再和 Br^- 前驱体溶液混合，可以得到 $CsPbBr_3$ 量子点。Cs^+，Pb^{2+} 和 Br^- 的前驱体一般是铯和铅脂肪酸(如丁酸、己酸、辛酸、癸酸或肉豆蔻酸和油酸)盐类和溴化季铵(如四丁基溴化铵和四辛基溴化铵)。除了复合物，还需要具有不同链长 ($C_4 \sim C_{18}$) 的过量脂肪酸充当封端剂。他们发现，使用肉豆蔻酸或油酸作为封端剂制备的 $CsPbBr_3$ 纳米晶的荧光量子产率超过 80%，而新制备的丁酸封端的 $CsPbBr_3$ 纳米晶的量子产率则低至 20%～30%，可能是由丁酸封端剂和 $CsPbBr_3$ 纳米晶之间的黏结强度较弱导致的。Wei 等还研究了一些有机胺封端剂(如丁胺、己胺、辛胺、油胺和三辛胺)、1-十二烷基硫醇、三辛基膦、三辛基氧化膦和三苯基氧化膦对 $CsPbBr_3$ 纳米晶形成的影响。不过因为室温完全抑制了纳米晶的成核，所以这些强封端剂无法促使 $CsPbBr_3$ 纳米晶形成。结果表明，脂肪酸在室温均质方法合成 $CsPbBr_3$ 纳米晶中起关键作用，这与制备聚芳氟化物纳米晶的研究成果相一致。

2) 过饱和再结晶法

受 Zhong 研究团队报道的启发，Zeng 研究团队设计了一种室温过饱和再结晶的方法，可以在几秒内制备出 $CsPbX_3$（X = Cl, Br, I）量子点，无需加热、保护气氛及注射操作。由于 Cs^+ 和 Pb^{2+} 在 DMF（极性溶剂）和甲苯（非极性溶剂）中的溶解度存在巨大差异（高达六个数量级以上），从 DMF 到甲苯的迁移会立即产生高度过饱和状态，只要剧烈搅拌，就会引发快速再结晶，反应式如下：

$$Cs^+ + Pb^{2+} + 3X^- \longrightarrow CsPbX_3 \tag{2-7}$$

该再结晶法[反应式(2-7)]的反应过程非常快速和剧烈，因此很难对量子点的生长进行动力学控制，导致很难对量子点形貌和尺寸进行调整。

3. 液滴微流控法

前文所述的方法都侧重于常规分批处理或基于烧瓶反应。在标准水溶液反应中，$CsPbX_3$ 纳米晶的成核速率与试剂均匀混合和传热的速度相当（甚至更快），这导致了对纳米晶成核的影响参数认识困难。为此，Lignos 等研发了一种液滴微流控法，用于研究生长动力学和优化胶体 $CsPbX_3$ 纳米晶的合成参数。结果表明，该系统能够精确而快速地测试反应参数，如铅、铯和卤化物前体的摩尔比、反应温度和反应时间等，并且通过结合在线吸光度和荧光检测以及快速混合试剂，可以进行超快动力学测量和反应优化。该方法通过连续改变 Pb^{2+} 源和 Cs^+ 源之间的比率以及卤化物之间的比率来精确调试液滴生成的化学净载荷。经过详细研究，他们还提出了可用于批次间歇合成的精细优化参数，并对 $CsPbX_3$ 纳米晶在初始 $0.1 \sim 5$ s 内成核和生长的早期阶段机理提供了独特见解。与分批处理或烧瓶合成方法相比，液滴微流控法极大地节省试剂用量和筛选时间。

4. 溶剂热合成法

溶剂热合成法不仅具有可操作性强、通用性强、成本低等优点，而且可以在温度适当和压力升高情况下产生优良的高结晶度的纳米晶。Chen 研究团队首次采用这种简便的溶剂热合成法制备出高质量的 $CsSnX_3$（X = Cl, Br, I）量子棒。他们采用 SnX_2 和 Cs-OA 分别充当 Sn^{2+} 源、X^- 源和 Cs^+ 源，二乙烯三胺、1-十八烯、油酸和油胺的混合物作反应介质，三辛基氧化膦作 Sn^{2+} 和 Cs^+ 的络合剂。这种一步制备法在 180℃聚四氟乙烯内衬的密封高压釜中进行，其中反应温度低于所用溶剂的沸点，严格来说这种方法不属于溶剂热合成法。此外，尽管报道中声称无需退火处理就可以通过溶剂热合成法改变所得到的 $CsSnX_3$ 量子棒的光学特性，但各种合成参数（尤其是反应温度）对产物的相纯度、形状和形貌的影响尚未给予说明。

2.15　结　　论

综上所述，本章介绍了几种具有代表性的清洁能源材料的合成方法，使用这些方法可以制备出特定的结构。第一，可以采用自上而下或自下而上的方法合成零维(0D)材料碳量子点。第二，可以采用多种方法合成一维(1D)材料。例如，采用气固(GS)相合成方法在铜基板上生长硫化亚铜纳米线阵列、在银基板上生长 Ag_2S 纳米线以及在铁基板上生长 α-Fe_2O_3 纳米带/纳米线阵列；采用液固(LS)反应法在铜箔上合成 $Cu(OH)_2$ 纳米带阵列，在锌基板上合成 ZnO 纳米线；为了对纳米线表面进行改性，通过原电池的氧化还原反应和界面聚合技术制备了 Cu_2S/Au 核/壳结构纳米线阵列和 Cu_2S/聚吡咯核/壳结构纳米线阵列；采用氧化金属气相传输沉积法，可以制备出超薄 Bi_2O_3 纳米线和超薄 ZnO 四足体。第三，二维(2D)材料层状双氢氧化物(LDH)纳米片通常可以采用自下而上和自上而下的方法制备。第四，三维(3D)材料二元非金属过渡金属化合物可以通过向其混合前驱体掺杂异质非金属原子或通过一步制备法来进行合成，该类化合物是一种非常有价值的用于析氢反应的非贵金属电催化剂。第五，通过溶液化学法和化学气相沉积法(CVD)等多种方法可以制备出具有优良光电性能的全无机三卤化物钙钛矿纳米晶(NCs)。

清洁能源应用的新材料及其合成方法太多，而且还在不断涌现，无法在此一一列举。本章仅仅讨论少量具有代表性的材料及其合成方法，希望能给读者在研究中带来启发。

2.16　问　　题

1. 请写出五种新材料制备方法。
2. 纳米线的生长机理是什么？
3. 你能设计出一种制备多维纳米颗粒的方法吗？
4. 你能设计出一种制备 ZnO 纳米管的方法吗？
5. 如何制备具有异质结构的纳米线？

参　考　文　献

He X., Qiu Y., and Yang S., "Fully-inorganic trihalide perovskite nanocrystals: A new research frontier of optoelectronic materials." *Adv. Mater.*, **29**(32), 1700775 (2017).

Hu J., Zhang C., Meng X., Lin H., Hu C., Long X., and Yang S., "Hydrogen evolution electrocatalysis with binary-nonmetal transition metal compounds." *J. Mater. Chem. A*, **5**(13), 5995-6012 (2017).

Long X., Wang Z., Xiao S., An Y., and Yang S. "Transition metal based layered double hydroxides tailored for energy conversion and storage." *Mater. Today*, **19**(4), 213-226 (2016).

Qiu Y. and Yang S. "Kirkendall approach to the fabrication of ultrathin ZnO nanotubes with high resistive sensitivity to humidity." *Nanotechnology*, **19**(26), 265606 (2008).

Qiu Y. and Yang S. "ZnO nano-tetrapods: controlled vapor phase synthesis and novel application for humidity sensing." *Adv. Funct. Mater.*, **17**(8), 1345-1352 (2007).

Qiu Y., Liu D., Yang J., and Yang S. "Controlled synthesis of bismuth oxide nanowires by an oxidative metal vapor transport deposition technique." *Adv. Mater.*, **18**, 2604-2608 (2006).

Qiu Y., Yang M., Fan H., Zuo Y., Shao Y., Xu Y., Yang X., and Yang S. "Nanowires of α- and β-Bi$_2$O$_3$: phase-selective synthesis and application in photocatalysis." *CrystEngComm*, **13**(6), 1843-1850 (2011).

Yuan F., Li S., Fan Z., Meng X., Fan L., and Yang S. "Shining carbon dots: synthesis and biomedical and optoelectronic applications." *Nano Today*, **11**(5), 556-586 (2016).

Yuan T., Meng T., He P., Shi Y., Li Y., Li X., Fan L., and Yang S. "Carbon quantum dots: an emerging material for optoelectronic applications." *J. Mater. Chem. C*, **7**(23), 6820-6835 (2019).

Zhang Q., Zhang K., Xu D., Yang G., Huang H., Nie F., Liu C., and Yang S. "CuO nanostructures: synthesis, characterization, growth mechanisms, fundamental properties, and applications." *Progress Mater. Sci.*, **60C**, 208-337 (2014).

Zhang W. and Yang S. "In situ fabrication of inorganic nanowire arrays grown from and aligned on metal substrates." *Acc. Chem. Res.*, **42**(10), 1617-1627 (2009).

第3章 材料界面工程

材料界面对面向清洁能源的功能器件的设计和制造有着不可估量的作用，甚至有人称"界面就是器件"。本章将以快速发展的钙钛矿太阳电池（perovskite solar cells，PSCs）为例，阐述材料界面工程丰富的特性。

3.1 钙钛矿太阳电池简介

钙钛矿太阳电池可以制成常规 n-i-p 结构电池或者倒置 p-i-n 结构电池。常规 n-i-p 结构 PSCs 通常包括透明导电氧化物（transparent conductive oxide，TCO）基板、电子传输层（electron transport layer，ETL）、集光层（有机金属卤化物钙钛矿）、空穴传输层（hole transport layer，HTL）和金属电极（Au、Ag 等）。沉积在 TCO 基板上的 ETL，通常是 n 型宽带隙氧化物半导体（TiO_2、ZnO 和 SnO_2 等），导电基板为负极。与 n-i-p 结构器件相比，倒置 p-i-n 结构器件首先在 TCO 上镀涂了一层 HTL，该层在电池工作时起正极作用。因为倒置 p-i-n 结构 PSCs 可以在相对较低的温度下制备，所以大多数柔性的 PSCs 都采用这种结构。

3.2 平面 p-i-n PSCs 界面的重要性

钙钛矿半导体与用于光伏的有机半导体有很大不同，其电子-空穴复合动力学通常由激子控制。在异质结钙钛矿太阳电池中，电荷分离和传输过程可以用自由载流子模型进行解释，比用激子模型更能阐明清楚。根据 Anderson 模型和热平衡理论，当两种类型的半导体直接接触时，自由载流子会自发地相互扩散，使费米能级平衡，并产生内置电场的电荷耗尽区，也称结点，该结点的产生主要基于热平衡理论。当具有结点的太阳电池吸收光时，热平衡将会被打破，电荷被激发出来并在电池界面传输，因此界面缺陷通常会引起电荷损失。

在 PSCs 中，由于电子-空穴在界面发生分离，因此界面存在的任何缺陷和相关的荷质分布都会使其复合更容易发生。在平面 p-i-n PSCs 中（图 3.1），空穴传输材料、钙钛矿吸收体、电子传输材料和金属电极依次沉积在透明导电基板[氟掺杂氧化锡（fluorine-doped tin oxide，FTO）或氧化铟锡（indium tin oxide，ITO）]上，形成太阳电池核心部件。电荷从空穴传输材料（hole transport material，HTM）/钙钛矿和电子传输材料（electron transport material，ETM）/钙钛矿界面分离，通过前后接触界面收集并向垂直方向和水平方向传输。为提高 PSCs 的效率，研究人员的研究重点在于新材料和器件结构的设计以及钙钛矿薄膜品质的控制。应该看到，界面工程在提高 PSCs 效率和稳定性方面还没得到深入了解，尚有巨大的开发空间。PSCs 界面层的作用很多，下面将着重讨论它们对能级排列、电荷动力学和陷阱态钝化的作用。

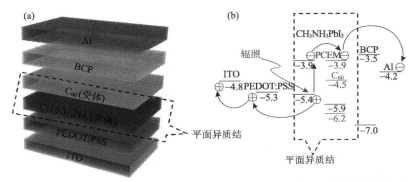

图 3.1 （a）平面 p-i-n PSCs 器件结构示意图；（b）各个能级和电荷传输图（eV）

3.2.1 能级排列

界面处的能级排列对优化太阳电池器件至关重要。对能级适当修饰可以增加开路电压 V_{oc}，便于电荷分离和转移，有助于增加短路电流密度 J_{sc} 和填充因子（fill factor，FF）。钙钛矿有两个重要的能级排列层（HTL 和 ETL），为便于载流子转移，钙钛矿的导带最低点（conduction band minimum，CBM）应高于 ETL，而价带最高点（valence band maximum，VBM）应低于 HTL。HTL/钙钛矿和 ETL/钙钛矿的界面能级是相关界面载流子复合的关键决定因素，根据经验，大约需要 0.2eV 能阶来确保 ETL/钙钛矿界面有效分离电荷。Murata 和 Minemoto 也进行了理论分析，他们建议制作高效的钙钛矿太阳电池器件时，HTL 和钙钛矿的能阶也应在 0.2eV 左右。平面 p-i-n PSCs 中常用材料的能级示意图如图 3.2 所示。通过界面工程进行有效修饰，可以使平面 p-i-n PSCs 相邻层的自由能相互匹配良好。

能带弯曲是指当半导体表面存在垂直的外加电场时，半导体中各处静电势不同，则能带就相应地发生弯曲。半导体在异质结附近由于相对于结点的能量发生偏移从而会产生单调的能带弯曲，因而钙钛矿和传输层之间的界面上也观察到了能带弯曲。Kahn 与合作人员测量了 2,2′,7,7′-四[N,N-二（4-甲氧基苯基）氨基]-9,9′-螺环二芴（spiro-OMeTAD，简称螺环二芴）和钙钛矿之间界面的能带弯曲，发现螺环二芴具有较低的电离能，因此与钙钛矿形成非最佳能级排列，这导致能带朝钙钛矿界面向上偏移，从而限制了太阳电池器件的 V_{oc} 提高。基于该发现，他们建立一个优化的能级排列表，用于指导界面能级组合，便于界面处空穴形成。希望该界面工程原理有助于调节钙钛矿与传输材料界面能级，减小界面的带隙，从而进一步减少结点处的 V_{oc} 下降。

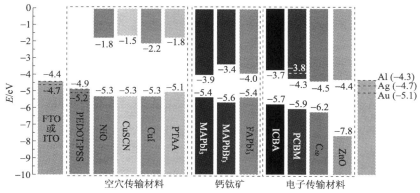

图 3.2 平面 p-i-n PSCs 常用材料的能级示意图

3.2.2 电荷动力学

界面上发生的电荷动力学包括电荷分离、电荷转移和电荷复合。电荷分离是一个快速的过程，研究发现，光生电子和空穴分离到 ETL 和 HTL 中仅需数百皮秒，与自由载流子纳秒级别的寿命相比，该过程速度超快。一些研究表明，界面上剩余的 PbI_2 可能会减缓电荷分离过程，因此表面改性非常重要，它是促进超快界面电荷分离的有效方法之一。在早期一项研究中，研究人员将碳量子点用作超快电子通道来改性 ETL 和钙钛矿之间的界面。实验测得，电荷分离时间从约 300 ps减少到约 100 ps，大大加速了电荷分离过程。另外，界面改性导致的界面结构错配和电子失配通常也会改变电荷传输和电荷复合的能垒，与电荷分离过程相比，界面处的电荷转移和复合过程对器件性能（如 V_{oc} 和 J_{sc}）的影响更大。

为了消除这种影响，需要对界面工程进行深入研究，例如，Ogomi 等在 ETL/钙钛矿界面之间插入了 HOCO—R—$NH_3^+I^-$ 基团，电荷复合时间从皮秒增加到几十微秒，表明极大地抑制了电荷复合；Chen 等研究发现混合界面也明显增加了 p-i-n PSCs 的复合电阻并抑制了电荷复合。阻抗谱（impedance spectroscopy, IS）是少数可用于研究钙钛矿太阳电池器件电子复合的技术之一。Bisquert 及其合作人员研发了一种通用模型来分析各种阻抗谱，建立了不同条件下扰动电信号频率与复合电阻特征之间的关系。他们研究发现钙钛矿太阳电池通常有低频、中频和高频三种阻抗特征谱，高频分量（即约 10^5 Hz）归因于钙钛矿的选择性接触电阻，而中频分量（即约 10^3 Hz）和低频分量（即约 1 Hz）分别归因于钙钛矿的化学电容阻抗和内阻。特别有趣的是低频电阻曲线，表明复合电阻特征与电子复合时间相关，而且电子复合时间与钙钛矿薄膜中离子迁移有关，该曲线尚未在其他固态太阳电池中观察到，因此下面将详细讨论这种离子迁移过程。另外,IS 测量还可用于研究其他电荷动力学过程,如表面极化、电荷捕获和电流-电压迟滞现象等,以下将做简要讨论。

3.2.3　陷阱态钝化

钙钛矿表面和界面的陷阱态会导致器件中的电荷积聚和电荷复合损耗,而陷阱态的钝化可以消除电流-电压迟滞现象。Zhu 等研究发现了在 MAPbI$_3$ 薄膜表面上存在空穴陷阱的直接证明,这些空穴陷阱是由在晶体表面配位不足的卤化物阴离子引起的,它导致 HTL/钙钛矿界面存在明显的电荷积累。为了钝化钙钛矿表面空穴陷阱态,抑制电荷复合,Snaith 与合作者在钝化钙钛矿表面引入了碘五氟苯进行改性。为了更好达到抑制表面电荷复合的目的,他们同时也尝试了运用路易斯碱钝化空穴陷阱态的相关研究。除钙钛矿吸光材料外,其他界面也存在陷阱态,可以运用界面工程消除或者钝化界面空穴陷阱,以降低电子复合和电荷转移势垒。

3.2.4　离子迁移

有机-无机混合钙钛矿的离子迁移(如 MA$^+$,Pb^{2+},I$^-$)对钙钛矿太阳电池的器件界面、电流-电压迟滞和降解方面起到关键作用,因而受到了广泛关注。大量报道表明,在有外部电势或光照时,钙钛矿材料中的离子(如 MA$^+$ 或 I$^-$)在钙钛矿器件内迁移具有较低激活能垒和适中的离子扩散系数。离子迁移最初在 PSCs 发生异常电流-电压迟滞现象中观察到,随后发现,它很普遍地被运用于解释诸如光浸泡效应和卤化物再分配等现象。此外,离子迁移对 PSCs 的稳定性不利,因为迁移的碘离子会与金属电极发生反应,导致 PSCs 降解。为了控制离子迁移,提高 PSCs 的效率和稳定性,需要对钙钛矿材料进行界面性质研究和改性。

3.3　常规 n-i-p 结构 PSCs 的界面工程

3.3.1　从染料敏化太阳电池到钙钛矿太阳电池

首次被用作染料敏化太阳电池(dye-sensitized solar cells, DSCs)敏化剂的有机金属卤化物钙钛矿,通常包括用作电子导体的介孔 n 型氧化物半导体(如 TiO$_2$、烧结纳米晶组成的 ZnO 薄膜)、用作光吸收剂的染料、用于染料再生的氧化还原中介物质以及用于收集电子并减少由电池产生的正电荷的反电极。在引入有机金属卤化物钙钛矿之前,通过使用钴基电解质以及施主-π-受主卟啉染料的开发,DSCs 的最高功率转换效率(power conversion efficiency, PCE)为 12.3%。然而,基于液体电解质 DSCs 的效率一直远低于理论值,发展一直落后于其他光伏方法(多晶硅、CIGS、CdTe 等),这是因为半导体纳米晶电极的大串联电阻导致了填充因子损失,碘基氧化还原中驱动大量电荷转移过程所需的过电位导致了电位损失，以及可用染料光吸收效率低导致了光电流损失。

对于常规 DSCs，氧化物半导体光阳极需要具有较大的比表面积，以增加可用面积供染料吸附。即使是用光吸收系数高的染料，界面比表面积也必须比光滑平面膜大近千倍才能确保敏化染料分子能够单层吸附，唯有这样才能确保有充足的电子从染料转移到氧化物半导体光阳极。一般来说，介孔结构的光阳极相对较厚，电子传输通道较多，而且由烧结纳米晶构成的光阳极可以引起导带(conduction band，CB)下方的局域态变化，这种变化有利于捕获电子和减慢电子传输，这两个原因致使分离电子的复合概率较高。为了解决这一难题，方法之一是研发具有高摩尔消光系数的吸收材料，当多层沉积该材料制备光阳极时，能够有效地提高光效率，如半导体量子点(CdS、CdSe、ZnS、ZnSe、PbS、Sb$_2$S$_3$ 等)和有机金属卤化物钙钛矿；另一个提高光效率方法是，用单晶或准单晶如一维(1D)纳米棒/线/管阵列、分层树状 3D 纳米结构或介孔单晶等材料构筑光阳极。

在有机金属卤化物钙钛矿太阳电池发明之前，研究人员研发了 CdS/CdSe 量子点、用于集光的 ZnSe/CdSe/ZnSe 量子阱敏化剂以及由一维 ZnO 纳米线阵列和 ZnO 四足体网状结构组成的双层结构光阳极，这些都具有较高的光电转换效率。另外，他们通过阻抗谱(IS)分析 CdS/CdSe 量子点和 ZnSe/CdSe/ZnSe 量子阱敏化剂系统，发现了光生电荷的双传输通道，虽然这在 PSCs 中很常见，但当时在 DSCs 或量子点 SCs 中是全新的。然而，在光阳极中引入一维 TiO$_2$ 纳米线阵列以及光吸收剂中引入有机金属卤化物钙钛矿(实际上是在钙钛矿太阳电池使用的第一批混合钙钛矿中)之前，新型无机光吸收剂和双层结构光阳极无法在固态 DSCs(器件结构如图 3.3 所示)中使用，其原因是一维 TiO$_2$ 纳米线阵列引起 TCO 和氧化物半导体光阳极之间的电子传输界面改变。

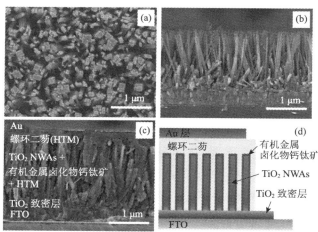

图 3.3　合成在 FTO 基板上的 TiO$_2$ 纳米线阵列的俯视(a)和剖视(b) SEM 图；(c) TiO$_2$ 纳米线阵列/有机金属卤化物钙钛矿/螺环二芴混合光伏电池的剖视 SEM 图；(d)太阳电池的示意图

3.3.2　TCO 与氧化物半导体 ETL 之间的界面

对于常规 n-i-p 结构 PSCs，尤其是 TiO$_2$ 基介孔结构 PSCs，应在 ETL 沉积之前沉积一层致密的 TiO$_2$ 层，又称空穴阻塞层，以避免 TCO 基片和钙钛矿直接连接。在 PSCs 早期研究阶段，TiO$_2$ 致密层对实现有效的功率转换效率方面起到了关键作用。对于 DSCs，介孔结构 TiO$_2$ 致密层直接沉积在 TCO 基片上，由于液态碘基电解质和 TCO 基片或 TiO$_2$ 薄膜之间界面处的 I$_3^-$ 到 3I$^-$ 的反应速率非常慢，因此不需要该 TiO$_2$ 致密层进行空穴阻塞。然而，通过简单改进 DSCs 器件结构制作的 PSCs 器件有短路问题，主要原因是 TCO/钙钛矿界面处没有致密层进行空穴阻塞而造成光生电子和空穴严重复合。导致 PSCs 器件出故障的另一个因素是介孔结构 ETL 薄膜的厚度，通常固态 DSCs 的介孔结构氧化物半导体 ETL 的厚度一般在 1～2 μm 内，这对于 PSCs 器件来说太大，给电子传输造成巨大电阻，导致 PCE 非常低。PSCs 的短路和低 PCE 问题一直持续了近三年时间，直到 2012 年研究人员将 TiO$_2$ 纳米棒阵列引入到 PSCs 器件制作中才得到初步解决。与纳米颗粒组成的介观 TiO$_2$ 薄膜相比，直接生长在 TCO 基片上的单晶 TiO$_2$ 纳米棒具有更快的电子传输特性，所以尽管薄膜厚度约为 1.5μm，同样能降低电子传输的电阻[图 3.3（b）]。最重要的是，研究人员引入了 TiO$_2$ 溶胶高温烧结产生的 TiO$_2$ 层，用于 TiO$_2$ 纳米棒阵列生长[图 3.3（c，d）]，该 TiO$_2$ 致密层可以起到空穴阻塞的作用[图 3.3（d）]。因此，将 TiO$_2$ 致密层用作空穴阻塞层，TiO$_2$ 纳米棒阵列用作 ETL，MAPbI$_3$/MAPbI$_2$Br 用作光吸收剂，螺环二芴用作 HTL 以及 Au 用作背电极，结合起来制备 PSCs 器件，实现了约 5% 的 PCE。之后，他们发现了 TiO$_2$ 致密层对 SnO$_2$ 基 PSCs 也有相同的效果，其中介孔材料由很多 SnO$_2$ 小单晶组成。由于 SnO$_2$/钙钛矿界面有很强的电荷复合，得到了相对较低的 PCE（3.8%）。经过 TiCl$_4$ 处理在 SnO$_2$ 和 TCO 基片上涂覆一层薄薄的 TiO$_2$ 致密层，则 PCE 增加到 8.5%。研究表明，TiO$_2$ 致密层可以大大减少电荷复合，同时在很大程度上保持了介孔 SnO$_2$ 纳米晶优越的电子传输特性，从而有效地改善了 PCE。

如今，随着 ETL 和钙钛矿薄膜品质的提高，SnO$_2$ 基或其他平面 n-i-p 结构的器件无需这种 TiO$_2$ 致密层了，但是为实现高效电子传输和制备出高性能器件，在 TCO 基片界面上实现更好的物理化学接触仍然是必要的。例如，Snaith 等将石墨烯用作 FTO 基片和 TiO$_2$ ETL 间的中间层，而石墨烯由于能级谱带位置适合，可以作为电子传输层，因此对电子传输产生有利作用。设计 TCO/ETL 界面的另一种方法是改变 TCO 的功函数（work function，WF），Zhou 等研究人员用含有聚乙烯亚胺乙氧基化物（polyethylenimine ethoxylated，PEIE）的胺类对电极进行表面改性，证明可以形成具有优先定向的界面偶极，这是由于少量的胺类分子的电子转移到 TCO 表面从而有利于减少 TCO 基片的功函数，并获得更好的电子传输。这种引入中间层和表面改性进行界面工程化改性、优化界面能级结构的方法是对 PSCs 各种界面改性的通用方法，下面将进行详细讨论。

3.3.3 ETL 与钙钛矿之间的界面

TiO_2 是常规 n-i-p 结构 PSCs 的 ETL 常用材料，具有电子分离和传输功能。研究发现，TiO_2 中的低载流子迁移率和紫外光产生的深阱会导致电荷积聚、复合和电流-电压迟滞现象，从而破坏器件性能，因此需要控制 TiO_2 ETL 和钙钛矿之间界面处的电子分离、传输和复合过程。在 TiO_2 ETL 中掺杂 Li、Mg、Y、Al 和 Nb 等金属异价阳离子可以改善 TiO_2 ETL 和 TiO_2-钙钛矿的界面性能。引入中间层的效果很好，例如，Snaith 等研究人员首次在介孔结构 TiO_2 层上使用 C_{60} 单层改性 TiO_2 ETL/钙钛矿界面，该方法增强了界面电荷分离，降低了 TiO_2 的电容，进而改善了电流-电压迟滞现象；Meng 等构建了 TiO_2/石墨烯/钙钛矿界面，石墨烯可以有效钝化晶界和界面，从而便于光生电子分离；Yang 等将一种三嵌段富勒烯衍生物[6,6]-苯基-C_{61}-丁酸-二辛基-3,3′-(5-羟基-1,3-亚苯基)-双(2-氰基丙烯酸)酯（PCBB-2CN-2C_8）旋涂到 TiO_2 ETL 表面，钝化了 TiO_2 的陷阱态，也证实了 TiO_2 中导致电流-电压迟滞的氧空位可以通过吸附吸电子基团进行钝化（—C≡N 和碳球）；另外，由于引入了 PCBB-2CN-2C_8，TiO_2/PCBB-2CN-2C_8 的功函数从 TiO_2 的 4.21eV 降低至 4.01 eV，进而提高了开路电压（V_{oc}）、FF 以及最终的 PCE。我们也成功地在钙钛矿和 TiO_2 之间引入超薄石墨烯量子点（GQDs）层（图 3.4）。这些石墨烯量子点是单层或少层石墨烯，其大小只有几纳米，与常规量子点和石墨烯相比，具有特殊的量子限域和边缘效应[图 3.4(d)]。另外，这些石墨烯量子点导带最低点（CBM）比 TiO_2 ETL 高 0.2 eV[图 3.4(b)]，这种表面能带结构的改变有利于钙钛矿和 TiO_2 ETL 之间的电子分离。超快瞬态吸收光谱显示，与崭新的 TiO_2-钙钛矿薄膜 260~307 ps 的电子分离时间相比，石墨烯量子点基 TiO_2-钙钛矿薄膜的电子分离时间（90~106 ps）要快得多[图 3.4(e)]。因此，基于该石墨烯量子点界面层 PSCs 的 PCE 为 10.2%，高于未插入石墨烯量子点器件的 PCE（8.8%）。

除了在 ETL 和钙钛矿间插入改性层外，研究人员还引入了一种覆盖或填封整个钙钛矿体的多层双支架结构，该多层双支架结构含一个准介观无机 TiO_2 层和一个渗滤有机 PCBM（[6,6]-苯基-C_{61}-乙酸甲酯）歧管，具有提高光生电荷分离和捕获效率的作用（图 3.5）。研究发现，软质 PCBM 支架由于与钙钛矿晶体形成了紧密连接的互穿网络，因而表现出有效的电荷分离性质，而准介孔硬质 TiO_2 支架则提供了连续的电子转移通道[图 3.5(c，f)]。正是由于有这种与空穴传输路径正交的电子传输路径[图 3.5(f)]，基于这种双支架超薄钙钛矿层（仅约 100nm）的半透明 PSCs 可以实现约 100% 的内量子效率和 12.3% 的 PCE，这是当时报道的性能最高的器件之一。

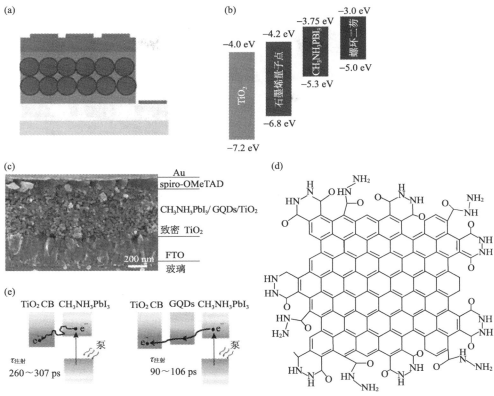

图 3.4　满载介孔氧化物的 GQDs 中间层基的 PSCs 结构示意图(a)；真空的能带阵列(b)；完整
光伏器件的横截面 SEM 图(c)；经理论计算确定的 GQDs 修边结构(d)；TiO_2/MAPbI$_3$ 和
TiO_2/GQDs/MAPbI$_3$ 界面处电子生成和分离的示意图(e)

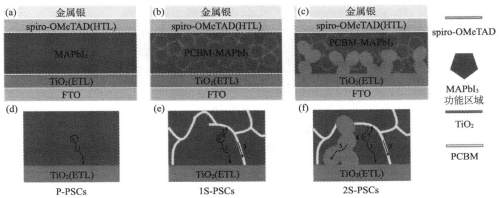

图 3.5　常规平面 p-i-n PSCs(P-PSCs) 的结构(a)和电荷分离(d)示意图(1.吸收光子；2.产生激子；
3.收集载流子；4.形成闭合回路；5.载流子复合)，含有 PCBM 支架结构 PSCs(1S-PSCs) 的结构
(b)和电荷分离(e)示意图，含有有机(PCBM)-无机(TiO_2)支架结构 PSCs(2S-PSCs) 的结构
(c)和电荷分离(f)示意图

引入富勒烯或石墨烯基中间层对 TiO$_2$ ETL 表面进行改性或处理,同样可应用于 SnO$_2$ ETL 基的 PSCs。例如,Caruso 等构建了 SnO$_2$/C$_{60}$/钙钛矿界面,它可以有效地抑制注入在 ETL 的电子与钙钛矿空穴之间的反向反应,从而抑制电荷复合并提高器件性能;Jen 和 Yan 在 SnO$_2$ ETL 表面涂裹了一层 C$_{60}$ 单层,C$_{60}$ 单层可以明显地钝化 SnO$_2$ 表面缺陷,从而提高电子传输效率;Fang 等研究人员合成了 SnO$_2$/PCBM 双层 ETL,PCBM 可以钝化钙钛矿的晶界和表面,得到了高 PCE 和低电流-电压迟滞反应的 PSCs;与我们在 TiO$_2$ ETL 基 PSCs 中使用相同的改性方法,Yu 等研究人员也将 GQDs 用作 SnO$_2$ ETL 和钙钛矿之间的中间层。结果表明,GQDs 中的光生电子可以传输到 SnO$_2$ 的导带中,填充电子陷阱态,提高了 SnO$_2$ 的费米能级和电导率,从而抑制了 ETL/钙钛矿界面的电子复合,最终提高了电子分离效率。除了富勒烯或石墨烯基材料外,He 等研究人员在 SnO$_2$ 表面旋涂了一层三苯基氧化膦(triphenylphosphine oxide,TPPO)来减少 SnO$_2$ 的功函数,改善内置电场,降低 SnO$_2$/钙钛矿界面处的势垒,提高光生电子的传输效率。

3.3.4 钙钛矿活性层中的晶界

钙钛矿薄膜通常是由钙钛矿纳米晶或大晶体颗粒组成。通常认为引起器件性能下降和电流-电压迟滞现象的复合位点是在组成钙钛矿薄膜的晶粒之间的晶界,因此晶界间的界面改性也被广泛研究(图 3.6)。例如,2014 年,Huang 及其合作人员对器件进行了退火后处理,将 PCBM 分子引入钙钛矿薄膜的晶界中,钝化效应降低了界面电荷的复合,并减小了 p-i-n PSCs 中的光电流迟滞现象;Wu 和 Chiang 将 PCBM 分子直接混合在钙钛矿薄膜中,形成体异质结 p-i-n 器件。PCBM 分子分散在钙钛矿晶界及其附近位置,对晶界电子特性产生了明显的影响,在较长的电荷扩散长度下平衡其电子和空穴迁移率,高度增强了器件的填充因子 FF 和短路电流 J_{sc},降低了迟滞效应;Sargent 团队在 PSCs 的常规器件结构研究方面也进行了类似的工作,并进一步应用在半透明器件上;Han 及其合作人员用溶剂滴加方法将 PCBM 引入钙钛矿层,形成梯度异质结结构,这种结构改善了光电子收集和减少了复合损耗,从而确保在孔面积大于 1 cm^2 的 p-i-n PSCs 上获得超过 18% 的电池效率。

除了 ETL,HTL 也用于钝化钙钛矿晶界中。例如,Huang 及其合作人员将钙钛矿和 HTL CuSCN 沉积在一起,发现 CuSCN 结合在钙钛矿晶界中,形成空穴传输通道,有效促进了空穴从钙钛矿向 ITO 电极迁移。最后,他们用碘化亚铜-硫脲络合物作为陷阱态钝化剂,在钙钛矿晶体表面和晶界处与欠配位的金属阳离子和卤化物阴离子相互作用。因为它们的最高价带相匹配,陷阱态钝化剂/钙钛矿形成了体异质结(bulk heterojunction,BHJ),从而有利于空穴传输以及减少了电荷复合。再如,Jen 及其合作人员在钙钛矿中引入了苯乙基碘化胺(phenylethylammonium iodide,PEAI),PEA$^+$ 可以钝化晶格表面和晶界的缺陷,并作为分子锁来加强钙钛矿分子间的相互作用。另外，钙钛矿内部还会发生离子迁移。Wang 及其合作人员的研究清楚地展示了离子迁移引起的晶界重构，并可能在钙钛矿薄膜和钙钛矿/PCBM 界面中产生缺陷，表明晶界可能是这一过程的主要位点。Yang 团队研发了一种具有 2D 结构钝化晶界的 3D-2D 梯度渐变的钙钛矿界面；2D 钙钛矿可以在钙钛矿薄膜表面和晶界处进行钝化，改变表面能级并减少电荷复合，进而产生 1.17 V 的超高 V_{oc}；同时，2D 钝化的晶界有效堵塞了跨层离子扩散，阻止了 I⁻ 从钙钛矿层向 PCBM 层迁移，从而明显地提高了 p-i-n PSCs 的热稳定性。

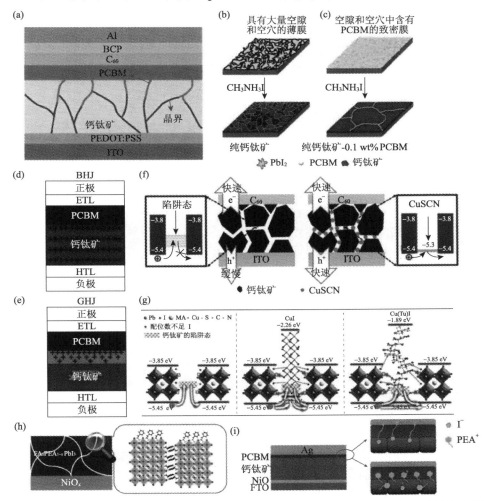

图 3.6　(a)涉及 PCBM 迁移到钙钛矿晶界的器件结构；(b，c)有无 PCBM 存在时钙钛矿晶粒的形成机理，wt%表示质量分数；(d)体异质结和(e)梯度异质结的示意图；(f)钙钛矿层中有无 CuSCN 时器件工作机理的示意图；(g)陷阱态钝化机理的示意图；(h)准三维 $FA_xPEA_{1-x}PbI_3$ 晶体的形成；(i)有无 3D-2D 渐变界面的不同器件的热降解路径

3.3.5　钙钛矿与 HTL 之间的界面

研究表明采用标准的螺环二芴 HTL 制备的 PSCs 在钙钛矿/螺环二芴界面处具有优良的电荷分离特性。一个原因是掺杂了钴电解质和锂盐，提高了螺环二芴的空穴迁移率。但值得注意的是，掺杂的锂盐具有高吸水性，会引起有机金属卤化物钙钛矿分解，从而导致钙钛矿与 HTL 间的界面损坏以及相关器件故障。另一个原因是钙钛矿对湿度敏感，而 HTL 在钙钛矿上起到覆盖隔离的作用，对 PSCs 的稳定性有着重要的作用。

最佳的空穴传输材料（HTM）应具有较高的空穴迁移率，以及具有与有机金属卤化物钙钛矿的 VBM 兼容的最高占据分子轨道（highest occupied molecular orbital，HOMO）能级，用以构建光生电荷分离和空穴传输的有效界面。PTAA 是一种芳基胺类衍生共轭聚合物，其空穴迁移率较高，并且与钙钛矿的物理化学相互作用较强，是螺环二芴的优质替代品。基于 PTAA 的常规 n-i-p PSCs 具有 20% 以上的高 PCE，这与基于螺环二芴的 PSCs 相当。Yang 等研究人员在常规 n-i-p PSCs 中引入一种含氟和芳基胺团的低成本聚芴衍生聚合物（TFB）作为 HTL（图 3.7），该 TFB 的 HOMO 位置比螺环二芴（spiro-OMeTAD）低 0.1 eV[图 3.7（b）]，能够优化空穴分离的界面能级结构。光致发光（photoluminescence，PL）结果表明钙钛矿和 TFB 间的界面处具有高效的空穴分离和扩散特征[图 3.7（c，d）]，因此，TFB 衍生聚合物改性的 PSCs 电池的填充因子（FF）、光电流和开路电压高于螺环二芴改性的电池，表明 TFB 是用于制备高效钙钛矿/HTL 界面以及高性能 PSCs 器件的有发展前途的材料。

(a)

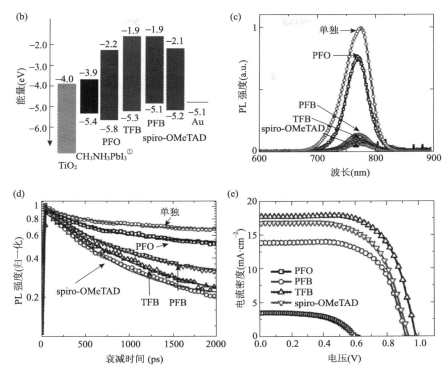

图 3.7　(a) 空穴传输层材料 PFO、TFB、PFB、螺环二芴的化学结构；(b) TiO$_2$、钙钛矿、PFO、TFB、PFB、螺环二芴和 Au 电极的能带图；TiO$_2$/MAPbI$_3$ 薄膜和负载在 TiO$_2$/MAPbI$_3$ 高反光薄膜上的 PFO、PFB、TFB、螺环二芴的稳态 PL 谱 (c) 和 PL 衰减光谱 (d)；不同的 HTL (PFO、PFB、TFB、螺环二芴) 性能最佳的太阳电池的电流密度-电压曲线 (e)

3.4　倒置 p-i-n 结构 PSCs 的界面工程

3.4.1　电流-电压迟滞问题：从 n-i-p 到 p-i-n 结构 PSCs

使用 TiO$_2$ 和 ZnO 作为 ETL 制备常规 n-i-p 结构 PSCs，反向扫描（开路到短路扫描）时器件的性能通常比正向扫描（短路到开路扫描）时更高。与介孔结构的 n-i-p 器件相比，通常平面 n-i-p 器件在 I-V 曲线中的电流-电压迟滞现象更为明显，因此难以评估器件的实际性能。电流-电压迟滞的一个原因是在钙钛矿晶界和界面上发生的电荷捕获、离子迁移和铁电效应，另一个原因是，对基于 TiO$_2$ 的 ETL 器件，电子很容易被 TiO$_2$ 上紫外光激发的深阱捕获导致的电荷积聚。目前，钙钛矿层中离子迁移引起的电荷积聚被认为是导致电流-电压迟滞的主要原因。

———————————————

① CH$_3$NH$_3$PbI$_3$ 即 MAPbI$_3$。

研究表明富勒烯可以钝化陷阱态，引起富勒烯卤化物自由基的形成，从而阻止离子迁移；富勒烯分子还可以通过针孔和晶界扩散到钙钛矿层中，增加了钙钛矿/富勒烯界面的接触面，从而改善界面上的电荷转移，使界面的电容电荷迅速耗散；此外，富勒烯可以更有效地分离电子，从而抑制界面处的电荷积聚。以上三点，使基于富勒烯 ETL 的倒置 p-i-n 结构 PSCs 中的电流-电压迟滞现象可以忽略不计。除了钝化效应外，与 TiO_2 ETL 基 n-i-p 结构 PSCs 相比，富勒烯基倒置 p-i-n PSCs 表现出更好的稳定性，因为 TiO_2 中的氧空位在紫外光照射下可以被激活，从而产生 O_2^-，可以分解有机金属卤化物钙钛矿。最后，倒置 p-i-n 结构器件可以在低温下使用，并且能与光电器件自由兼容。这些优点激发了研究人员研发倒置 PSCs 材料和界面。

3.4.2　TCO 与 HTL 之间的界面

倒置 p-i-n 结构 PSCs 可以视为有机聚合物体异质结太阳电池。将钙钛矿与富勒烯衍生物 ETL 和 PEDOT：PSS 透明 HTL 夹在一起，制备了第一个 p-i-n 结构 PSCs，它广泛应用于有机光伏和 LEDs 中。该器件中，PEDOT：PSS 不是最佳的 HTL 材料，因为它酸性高、易吸水、功函数低、无法阻塞电子，以致界面空穴分离效率低下。因此用 DMSO、DMF 和 EG 极性溶剂添加剂对 PEDOT：PSS 进行改性，可以提高样品 HTL 的导电性并改善样品表面微观形貌。除了 PEDOT：PSS，其他 p 型半导体如 CuSCN、Cu_xO、氧化石墨烯和 PTAA 也被用作 p-i-n 结构 PSCs 的 HTL。一般来说，使用具有较低的最低未占分子轨道 (lowest unoccupied molecular orbital，LUMO) 能级添加剂对 PEDOT：PSS 进行掺杂可以提高导电性和功函数，从而降低了界面上的空穴分离的能垒。文献中介绍过一种新型氧化镍 (NiO) 纳米晶 (NC)，用作倒置 p-i-n 结构 PSCs 中透明高效的 HTL (图 3.8)。这种氧化镍纳米晶是采用简单的溶胶-凝胶法制备出来的，用其构建的 HTL 粗糙薄膜表面能与钙钛矿膜形成大的紧密的界面结合点，从而建立起有效的空穴分离界面。另外，同 PEDOT：PSS 层 (−5.21 eV) 相比，氧化镍纳米晶 HTL 的 VBM (−5.36 eV) 适合于 VBM 为 −5.4 eV 的 $MAPbI_3$ 层空穴分离 [图 3.8 (a)]。PL 分析表明，与 $MAPbI_3$ 膜相连的 NiO 膜空穴分离和传输性能高于常规的有机 PEDOT：PSS 层 [图 3.8 (b，c)]，表明这种界面的能级结构有利于空穴分离而且可以防止电子损耗。薄膜厚度对器件性能具有关键作用 [图 3.8 (d)]，研究发现，氧化镍纳米晶的膜厚 30～40 nm 时，器件性能最佳，因为膜层越薄，漏电流越大；膜层越厚，串联电阻越大。因此，基于这种氧化镍纳米晶 HTL 制备出的倒置结构器件的 PCE 为 9.1%，比基于其他无机 HTL 制备的平面倒置结构 PSCs 的 PCE 要高。

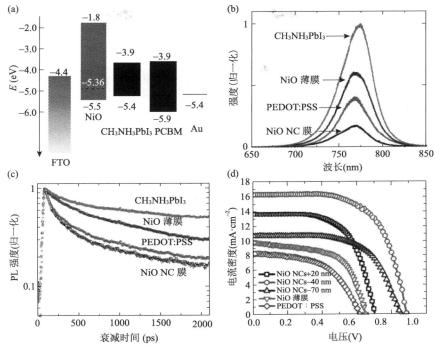

图 3.8　NiO 基器件部件的能级校准图(相对于真空能级)(a)，虚线为 UPS 测量得出的 NiO 纳米晶的费米能级；NiO 纳米晶(40nm 厚)、PEDOT：PSS、与 MAPbI₃ 薄膜与 NiO NC 薄膜的稳态 PL 谱(b)和瞬态 PL 衰减光谱(c)；(d)用 MAPbI₃ 基础薄膜作参考,不同厚度 NiO 薄膜的 PSCs 标准 J-V 曲线

3.4.3　HTL 与钙钛矿之间的界面

　　虽然与 PEDOT：PSS 的 HTL 相比，NiO_x 具有优良的稳定性和电子阻塞性能，但是由于 NiO_x 与钙钛矿接触不良以及 NiO_x 纳米晶薄膜的载流子传输性能低，NiO_x 基倒置 PSCs 的光伏性能受到限制。为了改善 NiO_x 的导电性，使用金属掺杂改性是一种有效的手段，如掺杂 Cu、Li、Cs 和 Co 等元素。He 等研究人员利用碱金属氯化物进行分子掺杂和后处理，NiO_x HTL 和 NiO_x/钙钛矿界面空穴传输性能有很大的提升。研究人员还开发了一系列用于调整能级排列和改善接触电阻的方法，如表面改性、NiO_x 与金属纳米颗粒杂化以及钙钛矿晶界工程等，以便优化界面性质。二乙醇胺(diethanolamine，DEA)具有羟基和胺基，一端与钙钛矿形成钙钛矿-羟基，另一端为 NiO_x-胺基(图 3.9)。制备 DEA 中间层时，首先将 NiO_x 膜浸入 DEA 异丙醇(isopropanol，IPA)溶液中几分钟，用 IPA 冲洗，再在 100℃ 温度下放入充满 N₂ 的手套箱中加热 10min。X 射线光电子能谱(X-ray photoelectron spectroscopy，XPS)分析显示，由于 DEA 和 NiO_x 间的化学相

互作用，在 NiO$_x$ 表面引入 DEA 单分子后，NiO$_x$ HTL 功函数略有下降，从 4.47 eV 下降至 4.41 eV [图 3.9（b，c）]。因为 DEA 中的 N 原子直接与 NiO$_x$ 薄膜中的 Ni 相连，瞬态 PL 和 IS 测量结果证实[图 3.9（d～f）]，—NH—可以促进化学吸附以降低 NiO$_x$ 功函数，从而形成良好的分子偶极层，优化界面能级排列，提高空穴分离率和电荷传输率[图 3.9（c）]，因此，PSCs 的 PCE 显著提升至约 15%。此外，采用 DEA 改性方法制备的器件还具有更好的稳定性以及无迟滞现象，这可能是因为

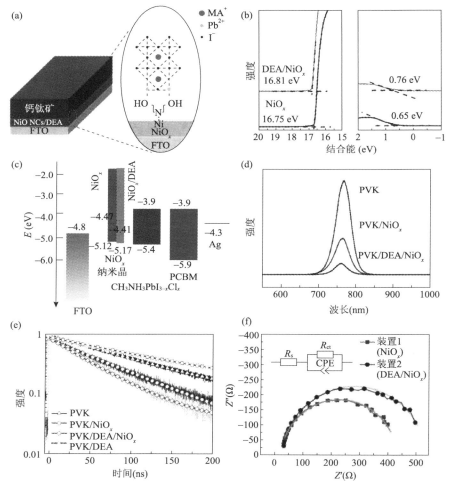

图 3.9　（a）用 DEA 单分子层对 NiO$_x$ 纳米晶薄膜进行表面改性的示意图，在 NiO$_x$/钙钛矿界面处连接—OH 基团和钙钛矿中 Pb 来增强接触；（b）带有 NiO$_x$ 和 NiO$_x$/DEA 基本薄膜的 UPS；（c）钙钛矿太阳电池各层的能级示意图，用虚线表示 NiO$_x$ 和 DEA/NiO$_x$ 费米能级；（d）NiO$_x$、NiO$_x$/DEA 和石英基质钙钛矿层的稳态 PL 谱（线性图）和（e）标准的瞬态 PL 衰减曲线（对数图），图中还包括石英/DEA 上钙钛矿层的瞬态 PL 衰减曲线（e）；（f）在短路和全日照（AM1.5，100 mW·cm^{-2}）条件下获得 IS Nyquist 图

DEA 中间层改善了界面接触。研究人员还研发了一种 NiO$_x$-Au 复合层，在 NiO$_x$ 薄膜中嵌入低浓度(0.11%，原子百分数)直径为 2～3nm 的金纳米颗粒(Au-NPs)，来改善 NiO$_x$ HTL 的空穴传输特性。Au-NiO$_x$ 异质结的欧姆接触点可以提高电子从 NiO$_x$ 向 Au 传输，实质上则引起 NiO$_x$ 中空穴浓度的等效增加，因此，嵌入金的 NiO$_x$ 的空穴浓度比未嵌入金的 NiO$_x$ 的空穴浓度增加了两倍，导致费米能级和 VBM 作相应的移动，从而形成优良的空穴分离和传输的界面能级排列。飞行时间二次离子质谱(time-of-flight secondary ion mass spectrometry，TOF-SIMS)深度剖面元素分布测量结果表明，NiO$_x$ 薄膜中 Au 的浓度仅为 0.11%(原子百分数)，这样低浓度可以避免 Au 与钙钛矿的直接接触而加剧了载流子复合。因此，用 NiO$_x$-Au 的 HTL 制备的 PSCs 具有高约 20%的 PCE，是性能最佳的 p-i-n 结构 PSCs 之一。

除了制备可用的 NiO$_x$ HTL 外，研究人员还研发了用溶剂-蒸气辅助后处理法来提高钙钛矿晶体品质，制备出高效 HTL/钙钛矿界面和光伏器件(图 3.10)。研究发现，在 DMSO 中对预先制备好的 MAPbI$_3$ 薄膜进行退火时，会形成一种 MA$_2$Pb$_3$I$_8$(DMSO)$_2$ 中间相，该中间相接着在 MAPbI$_3$ 晶界处分解，使晶界在钙钛矿薄膜内发生迁移(图 3.10)。因此，与 N$_2$ 气氛下相比，在 DMSO 环境中已制备好的 MAPbI$_3$ 晶粒会长得比较大[图 3.10(b)]。从图 3.10(c)可以看出，这些大尺寸的 MAPbI$_3$ 垂直地生长在基板上，增强了 HTL/钙钛矿的界面接触，从而提高了器件的电荷传输。将 MABr 添加剂添加到 DMSO 蒸气中可进一步促进晶界迁移，同时将 Br 嵌入到崭新的 MAPbI$_3$ 薄膜中，在 MAPbI$_3$ 和 NiO$_x$ 层之间的界面区域形成倾斜的富含 Br 的钙钛矿相，可用于钝化该界面[图 3.10(d，e)]。因此，在 DMSO/MABr 蒸气下制备这种掺杂了 Br 钙钛矿的倒置平面结构器件，比 N$_2$ 中制备的器件明显具有较高的电流密度(21.67 mA·cm^{-2})和开路电压(1.10 V)，其 PCE 达到 17.6%。

研究人员还研发了另一种通过改变已制备好的钙钛矿薄膜的晶体特性来优化 HTL/钙钛矿界面的方法。他们通过严格控制 MAPbI$_3$ 溶液中的 DMSO/DMF 比率，对平面 NiO$_x$ 基板上钙钛矿的中间膜辅助结晶进行了深入系统的研究，制备出了钙钛矿、钙钛矿/MA$_2$Pb$_3$I$_8$(DMSO)$_2$ 和 MA$_2$Pb$_3$I$_8$(DMSO)$_2$ 等一系列具有不同组分的中间膜；这些中间膜可以分别通过向下生长、向下和向上生长以及向上生长机理生成钙钛矿晶体；结果表明，由纯 MA$_2$Pb$_3$I$_8$(DMSO)$_2$ 向上生长生成的钙钛矿晶体与 NiO$_x$ HTL 的界面接触最好，阵列最优，无水平晶界，便于电荷转移并减少电荷复合，用这种 MA$_2$Pb$_3$I$_8$(DMSO)$_2$ 中间体生成钙钛矿来制备的倒置 PSCs，PCE 高达 18.4%，稳定性也得到很大的提高。

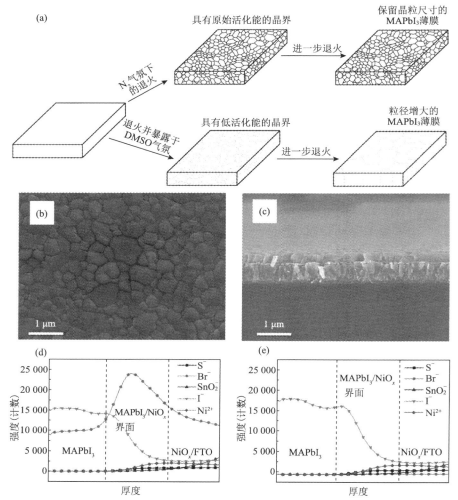

图 3.10　(a)不同环境中 MAPbI₃ 晶粒的形貌演化示意图；MABr 和 DMSO 混合环境下退火 MAPbI₃ 薄膜的 SEM 图：(b)俯视图和(c)侧视图，预制备的钙钛矿薄膜呈柱状结构；在(d)MABr 和 DMSO 混合环境下以及(e)仅在 MABr 环境下退火的 MAPbI₃ 薄膜的 TOF-SIMS 深度剖面分布图，在混合环境中退火处理的薄膜显示 Br 成功嵌入，相对强度为 10⁴，而仅在 MABr 环境中退火处理的薄膜未显示出任何 Br 元素

3.4.4　钙钛矿与 ETL 之间的界面

在倒置 p-i-n PSCs 中，钙钛矿/ETL 界面对电子分离、电流-电压迟滞和器件稳定性等特性影响很大。PCBM 是倒置结构器件中广泛使用的 ETL，但是，由于 PCBM 小分子造成旋涂溶液黏性不足，在倒置结构器件制备前期，很难在相对粗糙的钙钛矿表面上形成高品质的 PCBM 膜，从而导致界面电荷转移效率低下。为了提高 PCBM

小分子溶液黏性，研究人员向 PCBM ETL 中添加少量（质量分数为 1.5%）高分子量聚苯乙烯（polystyrene，PS），研发了一种生成高品质 PCBM ETL 的方法。研究发现，添加 PS 提高了用旋涂生成的 PCBM ETL 的平滑性和均匀性，可以防止钙钛矿层和顶部电极之间电子-空穴复合，从而明显提高相应电池的 PCE。除了 PS 掺杂方法外，还引入了一种新的富勒烯衍生物 C5-NCMA 作为 ETL，以取代倒置 PSCs 中常用的 PCBM。与 PCBM 相比，C5-NCMA 具有更高的疏水性、更高的 LUMO 能级和更强的薄膜加工自组装能力，更有利于生成高效的电子转移和传输界面。C5-NCMA 作为 ETL 组装而成的 PSCs 器件结构为 FTO/NiO$_x$/ MAPbI$_3$/C5-NCMA/Ag，其 PCE 高达 17.6%，比 PCBM 基 PSCs 的 PCE（16.1%）高，并且电流-电压迟滞现象很小，几乎可以忽略不计。更重要的是，与 PCBM 基器件相比，由于 C5-NCMA 的疏水性，基于 C5-NCMA ETL 的器件对湿度的稳定性明显提高。

由于钙钛矿层的缺陷和晶界特性对界面性质会产生明显影响，因此对钙钛矿层进行改性是优化钙钛矿与 ETL 界面性质的另一种方法。值得注意的是钙钛矿中的离子迁移，它主要发生在晶界，有一些研究人员对此问题进行研究并证明了这个假设。例如，Wang 等研究人员证实，由离子迁移引起的晶界重构在钙钛矿薄膜和钙钛矿/PCBM 界面中可能造成缺陷；Jen 等将苯乙基碘化胺（PEAI）引入钙钛矿中，PEA$^+$可以钝化晶格表面和晶界的缺陷，并作为分子锁来加强钙钛矿分子间相互作用；Yang 等研发了一种具有 3D-2D 分级钙钛矿界面的混合钙钛矿，其中引入 2D 结构钙钛矿以钝化 3D 钙钛矿晶界（图 3.11）。Yang 等研发的混合钙钛矿在 95℃下退火处理转化为结晶钙钛矿薄膜之前，在常规溶剂滴注过程中用 PEAI/甲苯溶液替换纯甲苯来制备该混合 3D-2D 分级钙钛矿层[图 3.11(a)]，SEM 分析显示，PEAI 辅助甲苯滴注过程对结晶膜的品质几乎不产生影响，不同钙钛矿薄膜的 TOF-SIMS 深度剖面分布图显示，在溶剂滴注过程中已经将 PEAI 引入到 MAPbI$_3$ 层[图 3.11(e~g)]；值得注意的是，PEA$^+$的碎片浓度在近膜表面急剧下降，然后稳定在远低于 MA$^+$的水平，这表明在钙钛矿表面上成功沉积了一层超薄的 PEA$^+$[图 3.11(f)]；每种钙钛矿薄膜的形貌和成分分布如图 3.11(h~j)所示，3D-2D 分级钙钛矿薄膜[图 3.11(i)]主要由高品质的 MAPbI$_3$ 晶体组成，它的特点是在近表面区域形成了一层超薄的 2D 钙钛矿层，引入 2D 钙钛矿可以改变界面能级，从而减少电荷复合并提高相应器件的 PCE[图 3.11(k~m)]；此外，2D 钙钛矿可以有效阻塞离子跨层扩散，反过来也可以阻止碘离子从钙钛矿层向 PCBM 层迁移，从而显著地提高了热稳定性。

(a) 钙钛矿前驱体　PEAI/甲苯溶液　95℃

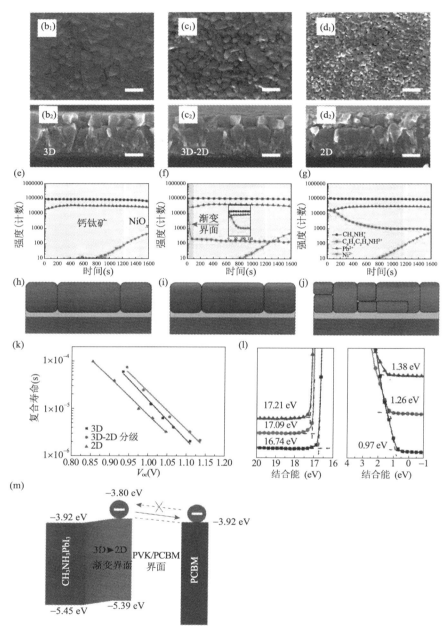

图 3.11　（a）3D-2D 分级钙钛矿薄膜的钙钛矿沉积工艺示意图；（b）3D、（c）3D-2D 分级和（d）2D 钙钛矿薄膜的俯视和剖面 SEM 图，比例尺为 500nm；NiO$_x$/FTO 基板上（e, h）3D、（f, i）3D-2D 分级和（g, j）2D 钙钛矿薄膜的 TOF-SIMS 深度剖面分布示意图；（k）不同器件的 IMVS 衍生载流子复合寿命；（l）钙钛矿样品薄膜的 UPS（He I），自上而下：2D、3D-2D 分级和 3D 样品；（m）钙钛矿和 PCBM 界面处能级排列示意图

3.4.5　ETL 与金属电极之间的界面

对于倒置 p-i-n 结构 PSCs，因为 ETL（如 PCBM）和金属电极（如 Ag、Al）之间通常存在界面势垒，所以电子分离效率较低。为了提高其电子分离效率，巴豆碱（bathocuproine，BCP）、4,7-二苯基-1,10-菲咯啉（Bphen）、苝二酰亚胺（perylene diimide，PDI）和金属乙酰丙酮酯等有机分子通常被引入到富勒烯衍生物和金属电极之间作为中间层。除有机中间层外，SnO_2 和掺铝 ZnO 等无机材料也具有良好的提高电子分离效率的性能，也可以用作界面材料，研究发现，引入上述电极界面中间层，FF 一般都会增加。Yang 等研究人员报道合成了一种官能氨基苝二酰亚胺聚合物（PPDIN6），并将其作为一种新型中间层材料用在倒置 p-i-n 结构 PSCs 中的 PCBM 和金属电极之间，不同温度下测定的导纳谱显示，PCBM/Ag 界面处阱密度降低，抑制了电荷复合，从而提高了电子分离和光电转换效率。另外，PPDIN6 中氨基可以中和迁移的碘离子，抑制 Ag 电极表面绝缘 Ag—I 键的形成，与无 PPDIN6 中间层的器件相比，有 PPDIN6 中间层的器件稳定性提高了。

3.5　碳基电极的钙钛矿太阳电池的界面工程

3.5.1　碳基电极的钙钛矿太阳电池简介

碳电极基 PSCs（C-PSCs）由常规的 n-i-p 结构 PSCs 发展而来，其中碳基材料取代了有机 HTL 和金属电极，起到空穴提取和传输的作用。Miyasaka 等研究人员制备了首个 C-PSCs，PCE 较低，仅为 0.37%；随后，Han 等研究人员在介孔结构的电池中依次沉积 TiO_2 支架层、多孔 ZrO_2 绝缘层和多孔碳电极，再在钙钛矿前驱体溶液中进行浸润，极大地提高了器件性能，使得其 PCE 达到约 10%；目前，C-PSCs 的 PCE 已达 15%以上，并显示具有良好的商业化优势，如碳基相与钙钛矿和金属电极相比对离子迁移更具有惰性、更具有耐水性以及更容易制备等优势。C-PSCs 的器件结构和工作原理与基于金属电极的器件结构和工作原理不同，为了进一步改进钙钛矿层和界面的性能，必须采取一些具体的创新方法。3.5.2～3.5.4 节将概述在研发高性能 C-PSCs 时在高性能材料和界面方面做的一些工作。

3.5.2　氧化物半导体 ETL 与钙钛矿之间的界面

在常规的金属电极基 PSCs 中，穿过钙钛矿层的太阳光可以用光滑的金属电极进行反射，从而实现二次吸收，因此钙钛矿层的厚度通常相对较小，约 400～600 nm。然而，黑碳电极不能反射入射光，从而通常使用较厚的钙钛矿层（约 1μm）使入射光完全被 C-PSCs 吸收，因此，多孔的 TiO_2 ETL 的厚度约为 400～600 nm，比金属电极基 PSCs（100～200 nm）更厚。较厚的多孔 TiO$_2$ 薄膜使界面面积增加，使载流子复合变强，从而抑制钙钛矿孔隙填充并减缓电荷生产。为了平衡较厚的多孔 TiO$_2$ 薄膜中的低效电荷传输和较薄的钙钛矿薄膜中的低效集光，Yang 等研究人员结合胶体模板和液相沉积法，设计了一种 TiO$_2$ 纳米碗（TiO$_2$-NB）阵列薄膜替代 C-PSCs 中的 ETL。这种有序结构和厚度可调的 TiO$_2$-NB 阵列薄膜通过改变单层填充聚苯乙烯（PS）球体的直径和溶胶-凝胶工艺条件而被制备出来，它能够提高集光效率，并提供一种直接生成光生电子的方法。此外，空心纳米碗的有序多孔结构使得钙钛矿易于渗透到 ETL 中，从而形成紧密的钙钛矿/TiO$_2$ 界面，可以快速地进行电子分离和传输。利用这些优势，Yang 团队研究人员以厚度为 220nm 的聚苯乙烯为模板制得的 TiO$_2$ 纳米碗基器件在光吸收性能和电荷分离方面表现最佳，PCE 高达 12%，具有良好的稳定性，比平面器件高 37%。

TiO$_2$ 是 C-PSCs 中应用最广泛的 ETL。然而，由于 TiO$_2$ 具有光催化活性以及 TiO$_2$ 基质上吸附的水和氧等物质，TiO$_2$ 基 PSCs 在光照下不稳定；而且相对于有空穴传输材料（HTM）的 C-PSCs，大多数报道表明无 HTM 的 C-PSCs 的开路电压受到严重限制；这两个因素阻碍了它在工业上应用。由于开路电压取决于 ETL 和碳电极费米能级之间的差异，TiO$_2$ 具有相对较低的准费米能级，会导致较低的界面性能，这也是 C-PSCs 的一个缺点。因此，在 TiO$_2$ ETL 和钙钛矿之间引入了超薄铁电氧化物 PbTiO$_3$，来构建电荷分离和传输的有效界面（图 3.12）。研究发现，TiO$_2$/钙钛矿界面中的铁电 PbTiO$_3$ 中间层可以明显引入由永久性极化提供的更大的内部电场，增强内置电势[图 3.12（b）]，从而最终抑制非辐射复合，产生高效的光生电荷转移[图 3.12（e，f）]，从而改善光伏性能。提高器件光伏性能的另一种方法是引入 C$_{60}$ ETL 取代 TiO$_2$，形成全碳基 PSCs，器件结构为 FTO/C$_{60}$/ MAPbI$_3$/碳电极。研究发现，C$_{60}$ ETL 可以有效改善电子分离、抑制电荷复合并降低与 MAPbI$_3$ 界面处的亚带隙能级，从而提高器件性能。此外，这种全碳基 PSCs 能抗水分和抗离子迁移，从而在潮湿和光照等外界环境下具有更高的运行稳定性。

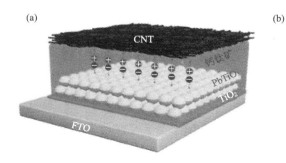
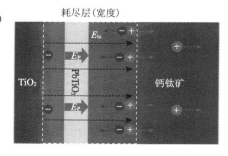

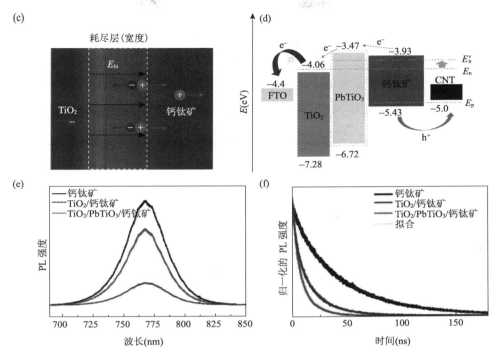

图 3.12 （a）PbTiO₃ 中间层基 C-PSCs 的结构示意图；具有（b）和不具有（c）PbTiO₃ 中间层的
C-PSCs 的势垒区；（d）C-PSCs 各层的能级排列；（e）TiO₂、TiO₂/PbTiO₃ 和石英基质上钙钛矿层
的稳态 PL 谱；（f）涂在不同基质上的钙钛矿薄膜的时间分辨 PL 衰减光谱

3.5.3 钙钛矿与碳电极之间的界面

Han 等研究人员开发的高效率的 C-PSCs 通常的制备方法如下：先在 FTO 上
沉积多层介孔结构，再用钙钛矿溶液渗浸，然后使用含有石墨、炭黑和 ZrO₂（或
Al₂O₃）纳米颗粒黏合剂的碳胶，采用刮刀或丝网印刷技术涂覆上去，再在高温（如
400℃）下进行退火，最后制得这种介孔结构 C-PSCs 的碳电极。由于钙钛矿和碳
电极之间的界面接触不良，空穴分离受到明显抑制，器件性能相对较低。为了解
决这个问题，Yang 等研究人员研发了一种嵌入式 C-PSCs。在转化成钙钛矿之前，
先将 PbI₂ 层进行介孔碳电极涂覆[图 3.13（a～c）]，然后将碳包覆的 PbI₂ 层浸入 MAI
溶液中形成 MAPbI₃。由于转化后膜的体积膨胀，MAPbI₃ 可以自然地嵌入到碳电
极中[图 3.13（a～c）]。界面接触改进后，由于具有更高效的空穴分离，器件的电
流密度不仅明显增加了，FF 也提高了，从而最终提高了 PCE。随后，Yang 等研
究人员通过引入一种含有炭黑和 MAI 的新型转化溶液，进一步增强了嵌入 C-PSCs
中 PbI₂ 上的炭黑黏附性，从而省略了碳电极的预沉积过程[图 3.13（d）]。也就是只
需将转换溶液逐滴地沉积到 PbI₂ 层上，同时实现了碳电极沉积和 MAPbI₃ 化学转

化。此外,上述转化溶液的滴加过程也可以用喷墨印刷技术替代,使得该过程更加可控和精确。Yang 等研究人员接着研发了一种可涂覆的 C-PSCs,在这种 C-PSCs中,MAPbI$_3$ 和碳电极之间形成了一个互穿界面,从而明显提高了碳电极的机械性能,并为空穴分离提供了一个高效的界面,研究结果表明,该器件的 PCE 约为 12%。

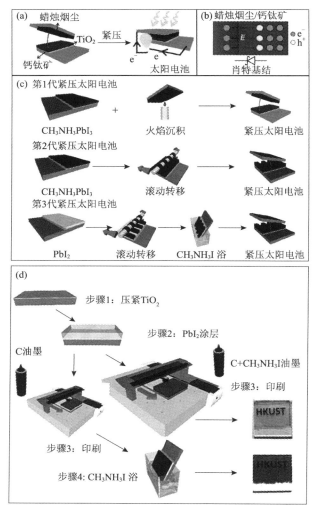

图 3.13 嵌入式紧压 C-PSCs 的制备工艺发展阶段和过程:(a)基于蜡烛烟尘电极和钙钛矿电极的紧压太阳电池的构想;(b)假定在蜡烛烟尘和钙钛矿之间形成肖特基结,这是形成紧压太阳电池的核心;(c)(上)第一代紧压太阳电池的制备过程,只需夹紧 FTO 支撑的蜡烛烟灰膜和 MAPbI$_3$ 光电阳极,(中)滚动转移辅助夹具制备第二代紧压太阳电池,(下)采用化学法提高滚动转移夹具制备第三代紧压太阳电池,使用 MAPbI$_3$ 浴将 PbI$_2$ 原位转化为 MAPbI$_3$,部分嵌入烟尘电极;(d)喷墨印刷 C-PSCs 的制备工艺,为了比较不同的方法,使用了步骤 3 和步骤 4 将 PbI$_2$ 转换为 MAPbI$_3$

在嵌入和可涂覆的 C-PSCs 中，钙钛矿层通过两步旋涂法生成，其中预沉积的 PbI_2 通过浸渍涂覆 MAI IPA 溶液转化为钙钛矿。当使用较厚的 TiO_2 支撑层时，在常规 MAI IPA 溶液中，PbI_2 完全转化为钙钛矿通常需要很长时间，又由于奥斯特瓦尔德（Ostwald）熟化效应，钙钛矿表面易形成非常大的钙钛矿晶体，导致钙钛矿/碳界面接触不良，因而与 HTL 基 PSCs 相比，空穴分离效率较低。为了解决这个问题，Yang 等研究人员研发了一种两步法新型溶剂工艺，用以制备一种纯平面 $MAPbI_3$。具体步骤如下，先将环己烷（cyclohexane，CYHEX）添加到 MAI IPA 溶液中来降低溶液极性，这一步可以加速 PbI_2 化学转化为 $MAPbI_3$，生成纯钙钛矿层，抑制了通过奥斯特瓦尔德熟化过程使钙钛矿晶粒变大，从而获得紧密覆盖层的平面。这种平滑的钙钛矿层与碳电极的界面接触增强，小面积器件的 PCE 最高可达 14.4%，大面积器件（$1cm^2$）的 PCE 可达 10%，成功地提高了器件性能和重现性。我们还将该溶剂工艺应用于制备 $MAPbBr_3$，也获得了平滑的、定向生长的钙钛矿层结晶，从而形成了 $MAPbBr_3$ 基可涂覆 C-PSCs，该器件的 PCE 约为 8.1%（$V_{oc}=1.35V$）。这些研究证实，高质量的平面钙钛矿层对增强界面接触和提高可涂覆 C-PSCs 的 PCE 非常重要。

3.5.4 新型碳电极材料

钙钛矿和碳电极之间的界面电学性能对空穴分离至关重要。一般认为在 $MAPbI_3/Au$ 界面形成欧姆接触不利于促进电荷分离，导致 $TiO_2/MAPbI_3/Au$（Au-PSCs）结构电池的 V_{oc} 较低（0.6～0.7V），一旦用碳电极取代 Au 后，V_{oc}（0.9～1.1V）就提高了，表明在钙钛矿与碳之间的界面上形成的异质结的电学性能与钙钛矿/Au 界面的异质结的电学性能有所不同。在嵌入式 C-PSCs 研究中，FTO/碳/$MAPbI_3$/FTO 器件表现出整流特性，因此研究者提出在 $MAPbI_3$/碳界面上生成的是肖特基结[图 3.13（b）]。该肖特基结中的内置电场有助于将整体内置电势增加至 0.85V，并且内置电场方向是从 $MAPbI_3$ 到碳电极，这有助于分离光生电子空穴对，使空穴和电子可以分别向碳电极和 $TiO_2/MAPbI_3$ 界面迁移。在 $MAPbI_3$/碳界面上存在一个内置电场。这可以用于解释 C-PSCs 比 Au-PSCs 具有更高的 V_{oc} 和 PCE。但是应该注意，内置电场的存在与否取决于肖特基结是否形成，而肖基特结的形成在很大程度上取决于钙钛矿和碳材料的费米能级是否匹配。因此可以使用不同性能的碳电极调节碳与钙钛矿之间界面上的异质结电学性能。研究证实，由于 $MAPbI_3$ 和单层石墨烯（single-layer grapheme，SG）的费米能级相似，在 $MAPbI_3$/SG 界面上没有形成明显的肖特基结。基于 SG 的 PSCs 性能明显低于基于多层石墨烯（multilayer graphene，MG）的 PSCs 性能，这是因为后者可以与 $MAPbI_3$ 形成肖特基结。因此，选择合适的碳材料是促使钙钛矿/碳界面处形成肖特基结以提高器件性能的重要方法。

通过比较三种不同碳材料[炭黑、石墨和多壁碳纳米管(multi-wall carbon nanotubes，MWCNTs)]的嵌入式 C-PSCs，得出了一个结论，即这三种碳材料制成的器件在 FF 上存在较大差异，性能高低顺序为石墨>炭黑>MWCNTs。Yang 等研究人员进一步研究了 MWCNTs 性质对 MWCNTs 基 PSCs 性能的影响[图 3.14(a～c)]，结果表明，利用硼(B)掺杂多壁碳纳米管(B-MWCNTs)可以增加其功函数、载流子浓度和导电性，同时增强其作为电极的空穴分离和传输性能[图 3.14(c)]。

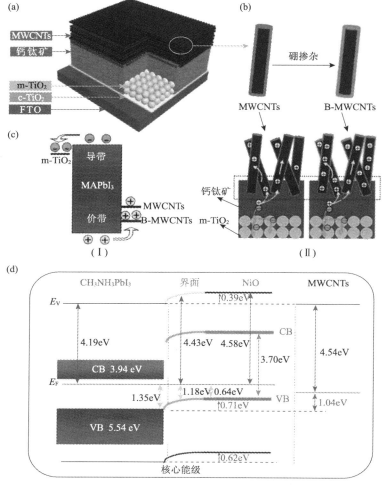

图 3.14　C-PSCs 的器件结构、掺杂硼(B)的多壁碳纳米管和电荷反应的示意图：(a)C-PSCs 器件结构的示意图。(b)B-MWCNTs 的电荷分离和传输原理图。(c)通过(Ⅰ)降低 MWCNTs 的费米能级和(Ⅱ)增加 B-MWCNTs 电极中导电载流子的数量，用 B-MWCNTs 来增强电荷转移的示意图；用(Ⅱ)中黑点矩形标记钙钛矿和 MWCNTs 之间紧密的界面。(d)钙钛矿/NiO 界面(中间)和钙钛矿/MWCNTs 界面(右边)的能级图

将 B-MWCNTs 作对电极制备的 C-PSCs，其性能明显高于用纯 MWCNTs 制备的 C-PSCs，PCE 从 10.7%提高到 14.6%。随后 Yang 等研究人员研发了一种方法，通过简单的超声喷涂方法将 NiO 纳米颗粒植入 MAPbI$_3$ 晶体的表面区域，在钙钛矿/碳界面形成无缝接触面，进一步优化钙钛矿和 MWCNTs 层之间的界面。该界面上，NiO NPs 层能够很好地弯曲界面处的能级，进行选择性空穴分离并减少界面电荷复合[图 3.14(d)]，从而提高光伏整体性能，使 PCE 高达 15.8%，这是当时报道的最高 C-PSCs 效率之一。此外，引入超声波喷涂和纳米颗粒嵌入技术，降低了 C-PSCs 的生产成本，为大量生产提供了可能性。

3.6　结论和展望

本章主要以部分阶段性研究成果为代表，简要介绍了高性能 PSCs 的界面工程，重点介绍了发展高效稳定的平面 PSCs 界面工程，以及不同中间层材料在 PSCs 中的作用。到目前为止，文献中优化界面的研究方法着重从以下几方面入手：①适当调整相邻层之间的能级，以减少能量偏差；②提高电荷分离和运输能力；③钝化钙钛矿薄膜的陷阱态；④优化钙钛矿薄膜生长的界面特性；⑤提高钙钛矿的防潮保护；⑥保护金属电极不受碘离子迁移的影响。

在早期研发 PSCs 时，研究人员就发现界面特性对制备有效的光伏器件非常重要，因此有"界面就是器件"的著名说法，现在的研究依然不断印证界面对实现高性能 PCE 和高稳定性器件方面发挥着重要作用。钙钛矿太阳电池也概莫能外，因为有机金属卤化物钙钛矿可能更易生成缺陷，具体来说，我们讨论了对高品质薄膜的制备、对纳米结构电极的合成、对层间材料的引入、对功函数的改性等策略和方法，旨在为常规 n-i-p、倒置 p-i-n 和碳基 PSCs 的工程界面设计提供参考。为了研发优良的界面，首先，需要提高薄膜的品质，分别控制 ETL、钙钛矿和 HTL 的薄膜厚度，从而提高 PSCs 各层的光生电子和空穴传输效率；其次，各层之间的紧密接触对避免界面处的大电荷复合至关重要；再次，在相邻层间构建具有适当能级匹配的界面，提高界面处的物理化学接触特性，是实现高效电荷传输、低能量损耗和获得高性能光伏特性的必要条件；最后，界面性能应使用同器件结构特征相当的方式进行工程设计。本章主要讨论了 PSCs 不同界面处的电荷输运特性，其他问题，如离子迁移、水分浸润等对 PSCs 器件的稳定性至关重要，也可以用界面工程有效地解决，但还需要在未来进行更系统的研究。随着对界面的深入了解以及有关新型材料和界面改性方法的研发，界面工程有望进一步推动 PSCs 朝着更高效、更稳定的方向发展。我们希望通过本章的介绍，帮助大家理解并能设计性能优化的界面，给未来的研究指明方向，最终实现高性能 PSCs 的商品化。

3.7 问　题

1. 材料表面结构与材料性能之间有什么关系？
2. 材料表面或界面表征的方法有哪些？
3. 决定固态-固态界面电子结构的一般原理是什么？
4. 调整界面性能的方法有哪些？

参 考 文 献

Bai Y., Meng X., and Yang S. "Interface engineering for highly efficient and stable planar p-i-n perovskite solar cells." *Adv. Energy Mater.*, **8**(5), 1701883 (2018).

Chen H. and Yang S. "Methods and strategies for achieving high-performance carbon-based perovskite solar cells without hole transport materials." *J. Mater. Chem. A*, **7**(26), 15476-15490 (2019).

Qiu J. and Yang S. "Material and interface engineering for high-performance perovskite solar cells: a personal journey and perspective." *The Chemical Record*, **19**, 1-22 (2019).

Zhang T., Hu C., and Yang S. "Ion migration: a "double-edged" sword for halideperovskite-based electronic devices." *Small Methods*, 1900552(1-20)(2019).

Zheng S., Wang G., Liu T., Lou L., Xiao S., and Yang S. "Materials and structures for the electron transport layer of efficient and stable perovskite solar cells." *Sci. China Chem.*, **62**(7), 800-809 (2019).

第4章 碳量子点发光材料

发光是物体以某种方式吸收的能量转化为光辐射的过程。发光材料在信息、能源、材料、航空航天、生命科学和环境科学技术等领域广泛应用，其发展必将推动清洁能源产业的发展，从而推动全球国民经济与技术的发展。半导体发光二极管和半导体激光器是两种最典型的半导体发光器件。半导体发光二极管诞生于1927年，由苏联科学家 Oleg Losev 独立发明。1955年，美国无线电公司(radio corporation of America，RCA)的鲁宾·布朗斯坦(Rubin Braunstein)在77℃的低温下观察到砷化镓和其他半导体材料二极管结构的红外辐射。直到1962年，尼克·何伦亚克(Nick Holonyak Jr.)开发了世界上第一个实用的红色发光二极管。同年，美国四家实验室几乎同时宣布成功开发了一种砷化镓均匀结半导体激光器。此后，半导体发光二极管和半导体激光器都得到了飞速发展，并迅速广泛应用于生产和日常生活中。目前，半导体发光器件已广泛应用于信息显示、光纤通信、固态照明、计算机和国防等领域，并形成了巨大的产业规模。

半导体发光材料决定了半导体发光器件的基本性能。传统的材料，如 Si、Ge、GaAs 和 InSb 已经基本发展成熟，目前正被广泛使用在半导体发光器件领域。虽然已经发展了几百年，但半导体发光材料和器件仍然是科学和工程研究中的活跃领域。本章将介绍半导体和半导体发光基础，并以碳量子点(CQDs)为例，展示发光材料的最新进展。

4.1 半导体和发光的基本知识

4.1.1 半导体物理基础

本节简述了半导体的基本物理特性，并介绍了半导体的一些基本概念，如能带、直接带隙、间接带隙、pn 结等，这是了解半导体材料的基本光学特性和半导体发光器件工作原理的基础。

1. 能带

在半导体中，电子的能带结构决定了电子允许和禁止的能量范围，并决定了半导体材料的电学和光学特性。半导体的能带可以用图 4.1 表示。在 0K 时，可被电子充满的最高频带形成了价带。在价带中，电子仍然被各种原子所束缚。而在价带之上，电子可以摆脱单个原子的束缚，在整个半导体材料中自由移动，也就是导带。对于半导体来说，价带和导带被禁带分开，E_g 为带隙，有 $E_g=E_c-E_v$，式中，E_c 是导带的底部能量，E_v 是价带的顶部能量。

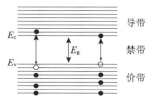

图 4.1　半导体的能带结构示意图

2. 本征半导体和杂质半导体

本征半导体是理想的半导体材料，是没有任何杂质的纯净材料。由于晶体中原子的热振动，价带中的一些电子被激发到导带中，同时在价带中留下空穴，形成电子-空穴对，因此，本征半导体中的电子浓度 n 等于空穴浓度 p。

在本征半导体中引入一定量的杂质可以有效改变半导体的导电性能。这种含有一定量杂质的半导体被称为杂质半导体。杂质原子的引入改变了热平衡条件下电子和空穴的浓度，即一种载流子的浓度增加，另一种载流子的浓度减少。在热平衡条件下，本征半导体和杂质半导体都满足浓度定律，即

$$pn = n_i^2 = N_c N_v \exp\left(-\frac{E_g}{k_B T}\right) \tag{4-1}$$

式中，n_i 是固有载流子浓度；$N_c = 2[2\pi m_e^* k_B T / h^2]^{3/2}$ 和 $N_v = 2[2\pi m_h^* k_B T / h^2]^{3/2}$ 是导带和价带的能态密度；m_e^* 和 m_h^* 分别是电子和空穴的有效质量；k_B 是玻尔兹曼常数；T 是热力学温度；h 是普朗克常数。

式(4-1)显示，对于本征半导体，存在 $p=n=n_i$。然而，对于杂质半导体，由于引入了杂质，要么空穴浓度高于电子浓度，要么电子浓度高于空穴浓度。高浓度的载流子被称为多数载流子，低浓度的载流子被称为少数载流子。如果多数载流子是电子，这种杂质半导体材料就是 n 型半导体；如果多数载流子是空穴，这种杂质半导体材料就是 p 型半导体；杂质半导体是发光器件的基本材料。

3. pn 结

通过适当的工艺，半导体单晶材料的不同区域的传导类型分别为 n 型和 p 型，

两者的交界处形成 pn 结。当 pn 结形成时，由于 n 区和 p 区的载流子浓度不同，n 区的多数载流子和 p 区的多数载流子分别扩散到另一个区域并与它们的多数载流子重新结合，这导致 pn 结 n 区附近的电子浓度下降，留下一个不动的供体离子，形成一个局部正电荷区；pn 结 p 区附近的空穴浓度下降，留下一个不动的受体离子，形成一个局部负电荷区。由于局部正负电荷区的存在，在 pn 结附近将产生一个从 n 区到 p 区的内置电场。该电场阻碍了电子从 n 区向 p 区的持续扩散，同时允许 n 区的少数载流子漂移到 p 区。同样，电场阻碍了 p 区的空穴继续向 n 区扩散，同时允许该区的少数载流子向 n 区漂移。随着扩散的减弱和漂移的增强，最终形成载流子的动态平衡。

在 pn 结附近有一个载流子被耗尽的区域，称为空间电荷区或耗尽区。作为一个整体，空间电荷区是电中性的，在施加电压的条件下，pn 结处于不平衡状态。pn 结的 p 区与电源的正极相连，n 区与负极相连，pn 结处于正向偏压状态。此时，空间电荷区的外加电压产生的电场与自建电场相反，载流子的扩散运动得到加强。由于大多数载流子参与扩散运动，将形成较大的正向电流。如果 p 区与电源的负极相连，n 区与电源的正极相连，外加电压在空间电荷区产生的电场与内建电场相同，扩散运动减弱，耗竭区的少数载流子的漂移运动加强。由于是少数载流子，形成的反向电流很小，可以认为 pn 结处于截止状态。

对于大多数半导体电子器件和光电器件来说，其核心部分是 pn 结，因此掌握 pn 结的基本结构和特性(图 4.2)有助于理解这些器件的工作原理。

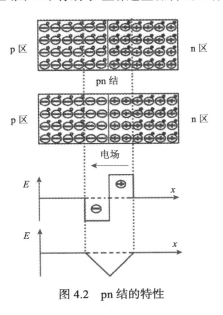

图 4.2　pn 结的特性

4. 直接和间接带隙半导体

半导体晶体有两种带状结构：直接带隙和间接带隙。如图 4.3 和图 4.4 所示，如果导带底部的波矢量 k 位置与价带顶部相同，则相应的带隙为直接带隙。如果导带底部的波矢量 k 位置与价带顶部的不同，则相应的带隙是间接带隙。相应地，半导体也被分为直接带隙半导体和间接带隙半导体，它们在电学和光学性能上表现出很大的差异。直接带隙半导体材料通常用于制造发光器件，而间接带隙半导体材料主要用于光电探测器。

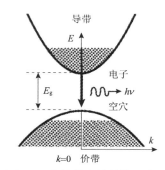

图 4.3　直接带隙的结构示意图

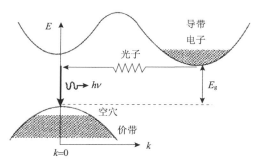

图 4.4　间接带隙的结构示意图

4.1.2　半导体发光

当半导体材料中的电子从高能态跃迁至低能态时，它们以光子的形式释放出多余的能量，这被称为辐射跃迁。辐射跃迁的过程也就是半导体材料的发光过程，根据不同的激发模式，半导体材料的发光机理可分为光致发光和电致发光：光致发光是半导体材料吸收更高能量的光子后的再发光过程；电致发光是由半导体材料中的电流激发引起的发光过程。无论是光致发光还是电致发光，产生光子的辐射跃迁过程如图 4.5 所示。当电子从高能态(导带)过渡到低能态(价带)时，会产

生相应能量区间的光子。光子的波长为

$$\lambda \approx \frac{1.240}{E_\mathrm{g}} \mu m \qquad (4\text{-}2)$$

式中，E_g 为带隙，eV。

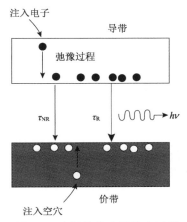

图 4.5　半导体发光的基本过程

假设高能态的电子数为 N，自发光重组过程可以用式(4-3)描述，即

$$\left(\frac{\mathrm{d}N}{\mathrm{d}t}\right)_{\mathrm{radiative}} = -AN \qquad (4\text{-}3)$$

显然，自发发光率是由爱因斯坦系数 A 决定的。在一定时间内发光的光子数量与处于高能状态的电子数量成正比，即

$$N(t) = N(0)\exp(-At) = N(0)\exp\left(-t/\tau_\mathrm{R}\right) \qquad (4\text{-}4)$$

式中，τ_R 是辐射寿命，$\tau_\mathrm{R} = A^{-1}$，这是除辐射跃迁外的高能态辐射寿命。如果非辐射跃迁过程比辐射跃迁过程快，则只有少量的光被发射出来。当同时考虑辐射跃迁和非辐射跃迁时，有

$$\left(\frac{\mathrm{d}N}{\mathrm{d}t}\right)_{\mathrm{total}} = -\frac{N}{\tau_\mathrm{R}} - \frac{N}{\tau_\mathrm{NR}} = -N\left(\frac{1}{\tau_\mathrm{R}} + \frac{1}{\tau_\mathrm{NR}}\right) \qquad (4\text{-}5)$$

式中，τ_NR 是非辐射寿命。考虑到发光效率，有

$$\eta_\mathrm{R} = \frac{N/\tau_\mathrm{R}}{N\left(1/\tau_\mathrm{R} + 1/\tau_\mathrm{NR}\right)} = \frac{1}{1 + \tau_\mathrm{R}/\tau_\mathrm{NR}} \qquad (4\text{-}6)$$

如果 $\tau_R \ll \tau_{NR}$，则发射的光 η_R 接近 1；如果 $\tau_R \gg \tau_{NR}$，则发射的光变得非常小，发光效率很低。因此，高效率的发光器件需要的辐射寿命比非辐射寿命要少得多。半导体的发光过程很复杂，它与半导体中能量的延迟机理有关。发射光谱的形状受能带内电子和空穴的热分布的影响。

1. 直接带隙半导体材料的发光过程

导带底部的电子跃迁到价带顶部时与空穴复合，这个复合过程遵循能量和动量的守恒定律。因此，带隙能量 E 被称为光子能量。对于半导体中电子-空穴的复合过程，辐射光子的动量比电子的动量小得多，所以在复合过程中，光子动量可以忽略不计，认为电子的动量在直接转变过程中不发生变化，即 k 是不变的，如图 4.3 所示。

2. 间接带隙半导体材料的发光过程

对于间接复合，也必须满足能量和动量守恒定律。由于导带底部对应于不同 k 的价带顶部，因此在复合过程中需要声子参与。假设声子能量为 E，则光子能量为 $h\nu = E_g \pm E_p$，"+"表示声子的吸收，"−"表示声子的发射，如图 4.4 所示。

4.2 碳量子点的荧光特性

4.2.1 碳量子点

碳量子点(CQDs)通常被称为一类零维(0D)碳纳米粒子，其尺寸低于 10nm，其电子能带结构在很大程度上受其明显的量子限域效应(quantum confinement effect, QCE)的影响。自 2006 年首次发现以来，碳量子点已经引起了广泛的关注。因为与荧光染料分子和传统半导体量子点相比，它们具有独特的优势，如高发光性、生物相容性、水溶性、出色的光稳定性和低毒性。一般来说，从溶液中制备的碳量子点具有丰富的表面基团，特别是与氧有关的基团，如羧基和羟基。它们具有良好的水溶性和适合表面钝化和功能化的化学活性基团。更重要的是，碳量子点的光学特性，如从深紫外光到近红外光的可调控的光致发光和特别有效的多光子上转换，可以通过调整它们的尺寸、形状、表面功能团和杂原子掺杂等进行调整。这些特性使碳量子点具有多种潜在的生物应用，如细胞成像、癌症治疗和药物输送。2010 年，Pan 等通过水热法成功地将石墨烯片切割成蓝色发光的碳量子点，扩大了石墨烯基材料在光电子领域的应用，如光伏设备、发光二极管、光电探测器和光催化。

2013 年，范楼珍研究团队及合作者开发了一种简便、高产量的量子点制备方法，而且量子点的量子产率（QY）约 80%，这标志着该领域取得了重大进展。然而，大多数发光的碳量子点存在表面缺陷，成为激子捕获中心，导致显示出明显的激发荧光特性，这从根本上限制了载流子注入在光电应用中的有效性。值得一提的是，研究人员首次展示了基于明亮的多色带隙荧光碳量子点直接作为活性发光层的单色电致发光二极管（light-emitting diodes，LEDs）。研究人员还展示了三角碳量子点的多色窄带宽发光（半峰全宽为 30 nm）用于高色纯度的全彩 LEDs，开辟了碳量子点用于下一代显示技术的巨大前景。此外，研究人员还首次实现了基于碳量子点的随机激光和宽色域背光显示。

由于允许利用四分之三的电产生的激子进行发光，三重激发态的材料因其比荧光材料更高的电致发光效率而引起了极大的关注。令人惊讶的是，通过将碳量子点嵌入各种材料（包括沸石、聚乙烯醇、聚氨酯、硫酸铝钾和结晶尿素/缩二脲）形成新的复合物，具有新的室温磷光（room temperature phosphorescence，RTP）和热激活延时荧光（thermally activated delayed fluorescence，TADF）特性。此外，有报道表明具有内在室温磷光特性的碳量子点，不需要额外的基质复合，这显示了碳量子点是有前途的室温磷光替代材料，可用于高效光电子器件。

已经有许多优秀的论文发布了关于碳量子点的不同方面研究，如其合成、表面功能化、光致发光特性和生物应用等。下面将主要聚焦于有趣的发光特性和发光机理，如室温磷光和 TADF 的最新重大进展，再提出基于碳量子点的光电子学的关键挑战问题、可行的改进方法和未来发展的前景。

4.2.2　具有共轭 π 键的带隙跃迁的荧光发光

碳量子点是一类新的纳米材料，在过去十年中引起了极大的关注。虽然碳量子点的荧光发光的起源仍有争议，但目前有两种比较流行的模型可以用来解释碳量子点的荧光机理：一种是基于共轭 π 键的带隙发光；另一种是与表面缺陷态有关，主要表现为边缘效应。

量子限域效应是碳量子点的主要特征，当碳量子点小于其激子玻尔半径时就会发生。对于具有完整碳核和较少表面化学基团的碳量子点，共轭 π 键的带隙跃迁被认为是产生本征荧光的主要中心点。密度泛函理论（density functional theory，DFT）计算清楚地表明，碳量子点的带隙大约从苯的 7.5eV 下降到由 20 个芳香环组成的碳量子点的 2.8 eV[图 4.6（a）]。Sket 等利用 DFT 和时间相关 DFT 计算还发现，碳量子点的荧光源于 sp^2 原子结构中 π 共轭电子的量子限域效应，并且可以通过其大小、边缘配置和形状进行调节。通常锯齿形边缘碳量子点处的局域态会降低导带的能量，从而减小带隙，这不同于扶手椅形碳量子点。因此，预计具有锯齿形边缘的比不具有锯齿形边缘的相近尺寸的碳量子点拥有较小带隙，从而使发射荧光红移。

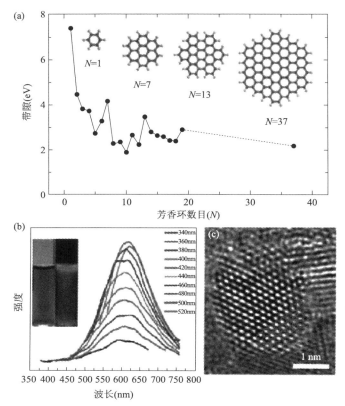

图 4.6　(a) 用 DFT 计算的 π-π*跃迁的带隙与化合物具有芳香环数目的关系；(b) 荧光光谱和 (c) 具有 sp² 结构域的 RF-碳量子点的高清 TEM 照片

　　范楼珍研究团队及合作者通过在 $K_2S_2O_8$ 溶液中直接电化学剥离得到石墨烯，成功地合成了没有任何化学修饰的红色荧光碳量子点，确定其直径为 3 nm，并具有独立的 sp² 结构域[图 4.6 (b，c)]。这是第一个关于直接观察直径约为 3nm 的 "分子" sp² 结构域的报告，它直接发射红色光谱。此外，研究人员还观察到碳量子点的量子限域效应，并首次展示明亮的多色带隙荧光碳量子点 (MCBF-CQDs)，从蓝色到红色，蓝色荧光的 QY 高达 75%[图 4.7 (a)]。MCBF-CQDs 在紫外可见吸收光谱中显示出强烈的激子吸收带[图 4.7 (b)]，B-BF-CQDs、G-BF-CQDs、Y-BF-CQDs、O-BF-CQDs 和 R-BF-CQDs 的吸收峰中心分别在大约 350 nm、390 nm、415 nm、480 nm 和 500 nm 处。这与量子限域半导体量子点的吸收特性相似，但与以前报道的碳点在紫外光区的吸收特性有很大不同。MCBF-CQDs 的荧光峰集中在大约 430 nm (B-BF-CQDs)、513 nm (G-BF-CQDs)、535 nm (Y-BF-CQDs)、565 nm (O-BF-CQDs) 和 604 nm (R-BF-CQDs)[图 4.7 (c)]。

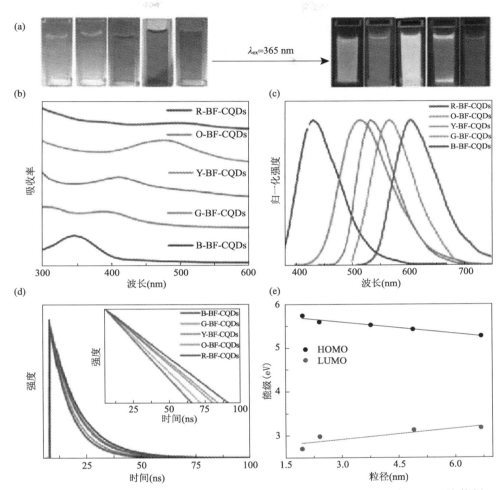

图 4.7　(a) 日光下的 MCBF-CQDs 照片(左)和紫外光下的荧光图像(右)(在 365nm 处激发)；(b) B-BF-CQDs、G-BF-CQDs、Y-BF-CQDs、O-BF-CQDs 和 R-BF-CQDs 的紫外可见吸收；(c) 归一化荧光；(d) 时间分辨荧光光谱；(e) HOMO 和 LUMO 能级与 MCBF-CQDs 大小的关系

　　红移的荧光颜色从蓝色到红色与红移的激子吸收带非常一致，显示了 MCBF-CQDs 中光学转换的带边性质。带隙发光特性的另一个证据是通过时间分辨荧光分析获得的。图 4.7(d) 显示 B-BF-CQDs、G-BF-CQDs、Y-BF-CQDs、O-BF-CQDs 和 R-BF-CQDs 的单指数衰减分别为 14.2ns、12.2ns、11.3ns、8.8ns 和 6.8ns 左右。单指数衰变特征表明 MCBF-CQDs 内部是带边激子态衰变，而不是陷阱态衰变，这有利于高效的荧光发射，与报道的多指数衰变的碳点有明显的不同。同时，通过紫外光电子能谱(ultraviolet photoelectron spectroscopy，UPS)测定的最高占据分子轨道(HOMO)能级从 5.72 eV 下降到 5.27 eV，最低未占分子轨

道(LUMO)能级从 2.70 eV 上升到 3.15 eV[图 4.7(e)]，直接证明 MCBF-CQDs 的带隙变化。

范楼珍研究团队及合作者成功合成了多色、高色纯度和窄带宽(FWHM 为 29～30 nm)发光的三角形碳量子点(NBE-T-CQDs)，其量子产率(QY)高达 72%(图 4.8)。研究推翻了碳量子点只能提供宽发光和低色纯度的观点，该碳量子点的 FWHM 通常超过 80 nm，并实现了前所未有的 29 nm 窄带宽发光。飞秒瞬态吸收光谱和随温度变化的发射变窄现象，阐明了 NBE-T-CQDs 的发光机理，证明了三角形结构的刚性导致电子-声子耦合急剧减少是高色纯度激子发光的原因。

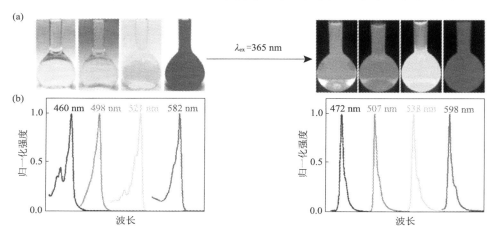

图 4.8　(a)乙醇溶液中的 NBE-T-CQDs 在日光下的照片(左)和紫外光下的荧光图像(右)；
(b)B-NBE-T-CQDs、G-NBE-T-CQDs、Y-NBE-T-CQDs 和 R-NBE-T-CQDs(从左到右)的归一化
紫外可见吸收光谱(左)和荧光光谱(右)

此外，DFT 计算显示，独特的三角形碳量子点具有高度分散的电荷和高结构稳定性，这也导致电子-声子耦合急剧减少，并进一步提高高色纯度带隙发光效率(图 4.9)。

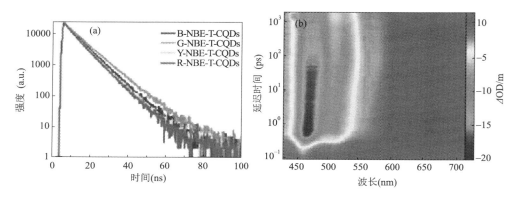

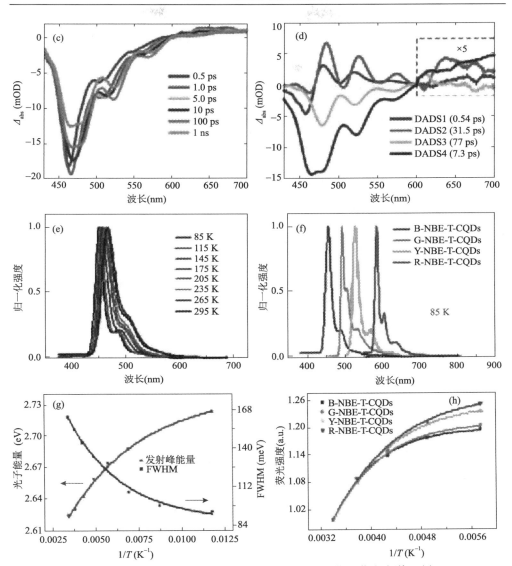

图 4.9　NBE-T-CQDs 的光激发状态的超声动力学和随温度变化的荧光光谱：（a）NBE-T-CQDs 的时间分辨荧光光谱；（b）B-NBE-T-CQDs 的瞬态吸收光谱（transient absorption spectrum，TA 光谱）的二维伪彩色图，以 ΔOD（激发后样品的吸收强度的变化）作为量子点的延迟时间和探针波长的函数，泵浦波长为 400nm；（c）B-NBE-T-CQDs 在 0.5ps 到 1ns 的延迟时间的 TA 光谱；（d）用四个指数衰减函数进行全局拟合的结果；（e）B-NBE-T-CQDs 的归一化变温荧光光谱；（f）在 85K 下各种 NBE-T-CQDs 的归一化荧光光谱；（g）B-NBE-T-CQDs 的发射峰能量和 FWHM 与温度（85～295K）的关系图；（h）NBE-T-CQDs 的综合荧光强度与温度（175～295K）的关系图

4.2.3　源自表面缺陷的荧光发光

　　碳量子点的第二种荧光机理与表面的缺陷态有关。碳量子点的 sp^3 和 sp^2 杂化碳和其他表面缺陷，如含氧官能团，都可以作为激子的捕获中心，从而引起表面相关陷阱态的荧光。通过 DFT 计算，证明 sp^2 杂化碳上的羧基可以引起显著的局部能带扭曲，从而缩小带隙。如果减少这些含氧官能团后，光学性质能够完全改变，如产生完全不同的荧光发光带和强度分布(图 4.10)。Hu 等通过改变试剂和反应条件制备了一系列的碳量子点，并得出结论：表面环氧化物或羟基对所产生的荧光红移起决定作用；另外具有表面相关缺陷态的碳量子点的荧光强度和峰值位置可以随着其溶液的 pH 而发生明显变化，这可能是由于含氧官能团的质子化或去质子化，从而使碳量子点的费米能级发生变化。范楼珍研究团队及合作者报道了新型的多色荧光碳量子点，它对溶液 pH 范围从 1 至 14 都有反应，甚至可以用肉眼观察。另外，一种新型醌结构的碳量子点，首次在强碱条件下从内酯结构转化而来，强碱条件对其红色发光起主要作用。基于 pH 变化的荧光对于探索碳量子点的荧光机理非常重要，目前对其理解处于初级阶段，仍需要更深入的研究来阐明。除了含氧官能团，含氮官能团具有作为电子供体的未成对电子，也有助于碳量子点产生表面陷阱态，并改善碳量子点的荧光特性。此外，碳量子点的表面改性也能致使表面陷阱态的发光，例如，用烷基胺将碳量子点的—COOH 和环氧树脂的环氧基团钝化为—CONHR 和—CNHR 后，本征的蓝色发光大大增强，而表面陷阱态的绿色发光则消失了。值得注意的是，上述报道中以表面缺陷为主的碳量子点的激发荧光严重影响了光电应用中载流子注入的有效性。

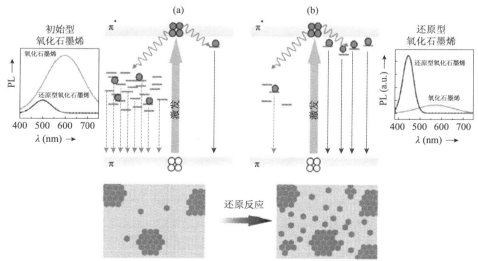

图 4.10　荧光机理：(a)氧化石墨烯(GO)中来自无序诱导的局部能带的"红色发光"和(b)还原的 GO 中来自封闭团簇状态的"蓝色发光"

4.2.4　上转换荧光

除了传统的下转换荧光外,某些碳量子点还显示出上转换荧光发光(反斯托克斯发光)特性,与传统的荧光相比,其效率要高几个数量级。上转换荧光用于体内成像对研究人员特别有吸引力,因为入射长激发波长尤其是近红外线具有深层组织穿透能力。范楼珍研究团队首次研发了具有明亮的双光子荧光(two-photon fluorescence,TPF)的富氮碳量子点(nitrogen-rich CQD,NRCQD)的简易和大规模合成,而且通过基于 NRCQD 的 TPF 成像,活体大鼠肝脏组织的大成像深度可达440mm,这表明具有 TPF 的碳量子点具有进一步的应用前景。

尽管在碳量子点的荧光特性方面研究已经取得了很大的进展,但仍有一些亟待解决的问题,如荧光机理以及在长波波段特别是在近红外波段具有较低量子产率的原因。要证明碳量子点的荧光机理,最重要的挑战之一是开发一种高效和可控的方法来生产具有明确结构的高质量的碳量子点。迄今为止报道的大多数碳量子点通常显示出不同的尺寸和不同的结晶度,而且存在大量且不明确类型的表面缺陷以及功能团,使得很难区分影响荧光发光的关键因素。一旦有合适的方法可以很好地控制碳量子点的结构,就有可能阐明清楚其荧光机理。

4.3　碳量子点的室温磷光特性

量子力学上允许单线态激子(S_1)向基态(S_0)的跃迁,该激子具有反对称性,总激子数为零($S=0$),在纳秒内产生荧光。相反,具有偶数对称性和 $S=1$ 的三重态(T_1)的量子力学禁止直接跃迁到基态(S_0),需要经过弛豫过程,然后产生磷光,其寿命为微秒至秒(图 4.11)。由于角动量状态的对应倍数(即 $S=0$ 时 $m_S=0$,$S=1$ 时 $m_S=-1$,0,1)以及电致发光器件中自旋产生的随机性质,电激发下的激子形成通常会产生 25%的单线态激子和 75%的三重态激子。一般来说,电致发光 LEDs 的理论最大外量子效率(external quantum efficiency,EQE)作为一个关键参数(η)可以通过式(4-7)来估计。

$$\eta_{EQE} = \eta_{int} \times \eta_{out} = (\gamma \times \eta_\gamma \times \Phi_{PL}) \times \eta_{out} \tag{4-7}$$

式中,η_{int} 是内量子效率;η_{out} 是光输出耦合效率(通常 $\eta_{out} \approx 0.2$);γ 是注入的空穴和电子的电荷平衡量(理想情况下 $\gamma = 1$);η_γ 是辐射激子产生的效率(对于传统的荧光发光体,$\eta_\gamma = 0.25$);Φ_{PL} 是发光材料的光致发光(PL)量子产率。对于荧光材料来说,由于三重态自旋禁止特性,75%的电能通过三重态激子散失为热能,再考虑到设备的光耦合效率仅为 20%,导致理论上最高的外量子效率为 5%。磷光材料由于能够利用三重态和单线态激子捕获光子,使器件的内量子效率达到近

100%（图 4.11）。一般来说，除了高磷光量子效率之外，磷光材料还需要具有较短的寿命（几十微秒），才能实现高性能的电致发光器件，这是因为三重态的长寿命将不可避免地导致在高电流密度的电致发光中由于三重态-三重态湮灭（triplet-triplet annihilation，TTA）或三重态-极化子湮灭（triplet-polaron annihilation，TPA）而出现严重的效率下降。

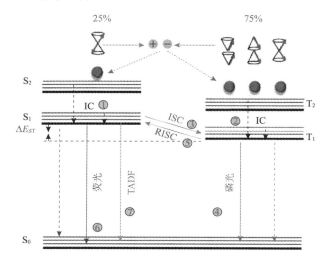

图 4.11　磷光和 TADF 材料的电致发光过程。荧光（①-②）、磷光（①-②-③-④）和 TADF（②-⑤-⑦）的电生成激子的转变过程；①和②：内转换（internal conversion，IC）；③：系间跨跃（intersystem crossing，ISC）；④：磷光；⑤：可逆系间跨跃（reverse intersystem crossing，RISC）；⑥：荧光

　　迄今为止，具有磷光特征的发光材料通常局限于无机物或有机金属复合物，而且它们常常因加工性差、成本高和金属毒性大而使得它们的应用受到影响。非金属室温磷光材料，特别是纯有机室温磷光荧光粉，由于其具有良好的加工性、低成本、灵活的分子设计和方便的功能化等诱人的特点而成为备受关注的先进的磷光发光材料。通常不含金属的磷光发光材料很少，并且由于有效的自旋轨道耦合、长寿命的敏感三重态激子和杂质之间的淬灭，它在环境条件下仅表现出暗淡的磷光。为了制备无金属磷光发光材料，首先需要在发光能级结构中引入重原子和杂原子（N、O、S 和 P 等元素），以促进有效的系间跨跃（ISC），同时通过聚合、氢键或超分子组装调节聚集行为以抑制非辐射耗散。Huang 等提出，氢键作用可以增强系间的交叉过程达到稳定三重态激子的目的，从而获得超长的室温磷光。Tang 等提出，结晶诱导的磷光机理可能是室温磷光特性的主要原因，因为它有效地抑制了非辐射性衰变。然而，大多数有机室温磷光材料往往需要有序的晶体结构或与惰性气氛相关的严格条件来抑制三重态的非辐射弛豫过程，这不可避免地

导致无定形磷光的淬灭，从根本上限制了其实际应用。

　　作为一类新型的纳米发光材料，碳量子点的新型室温磷光特性被广泛关注，这为利用三重态突破传统荧光器件的 5%量子产率限制提供了可能性。然而，由于单线态到三重态之间较弱的轨道耦合，寻找基于碳量子点的室温磷光材料仍然具有挑战性。2013 年，Zhao 的研究团队首次报告了将碳量子点分散在聚乙烯醇（polyvinyl alcohol，PVA）中制备成室温磷光纯有机材料。这种室温磷光发光被认为是由于氢键使基团相对固定，有效地保护其能量免受旋转或振动损失，从而使碳量子点和 PVA 分子表面的芳香族碳酰的三重态激子发生跃迁产生磷光。进一步的研究表明，层状双氢氧化物、氰尿酸和无机结晶纳米复合材料也可作为碳量子点的宿主材料，在紫外光的激发下也能表现出显著的室温磷光特性，这表明了系间跨跃的方法是一种很有潜力的方法，为基于碳量子点的无金属室温磷光材料的进展提供了坚实的基础。然而，这种使用碳量子点复合材料实现 RTP 的策略容易导致材料出现相偏析，热稳定性和导电性变差，这严重阻碍了其实际应用。因此，具有本征室温磷光特性的单组分碳量子点是非常理想的材料，通过对聚丙烯酸和乙二胺的水热处理，制备出了不需要额外基质复合的蓝绿色室温磷光碳量子点[图 4.12（a～c）]。这项研究表明，碳量子点内部的共价交联也能限制其振动和旋转，从而提供有效的系间跨跃，成为发光中心。该研究报道不久，其他研究人员开发出通过微波辅助加热乙醇胺和磷酸水溶液制备超长寿命室温磷光碳量子点（1.46s）的克级方法，以及基于葡萄糖和 $Et_3N·3HF$ 合成的蓝绿色室温磷光发光氟氮共掺碳点（fluorine and nitrogen codoped carbon dots，FNCDs），进一步证明了碳量子点中系间跨跃对于室温磷光是非常重要的。上述报道的碳量子点室温磷光发光波长被限制在 540 nm 以下的蓝色或绿色区域，但颜色可调室温磷光发光对于光电应用来说是非常必要和重要的。通过晶种生长法，能够制备出基于碳量子点的在 500～600 nm 的宽光谱范围内颜色可调的荧光和室温磷光材料[图 4.12（d～f）]。一般认为室温磷光的产生与碳量子点的表面含氮基团有关，氢键的作用是保护三重态不被淬灭，以及为 PVP 聚合物链提供额外稳定作用。

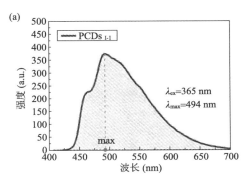
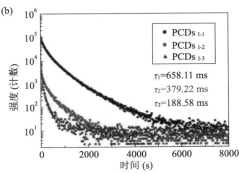

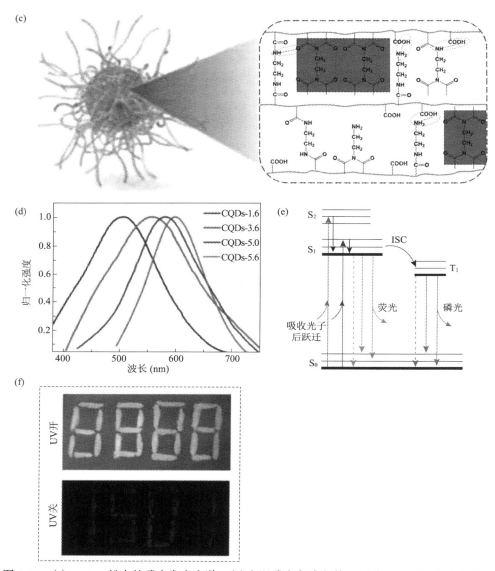

图 4.12 （a）PCDs$_{L-1}$ 粉末的磷光发光光谱；（b）室温磷光衰减光谱；（c）交联增强发光效应的示意图；（d）四个碳量子点粉末的归一化室温磷光发光光谱；（e）说明碳量子点可能的荧光和室温磷光途径的三层系统的雅布隆斯基状态图；（f）在紫外光照射条件下，用 CQDs-5.6 和一支橙色荧光笔在不发光的背景纸上书写发光字符的图像

4.4　碳量子点的热激活延迟荧光特性

当 T_1 和 S_1 的能量接近时，即单线态-三重态能量分裂（ΔE_{ST}）较小，吸热可逆系间跨跃（RISC）过程可以在高温下进行。由于自旋禁止的 T_1-S_0 跃迁，非辐射三重态激子通过 RISC 转化为单重态激子，导致 TADF 发光（S_1-S_0），寿命在数百纳秒到几十毫秒之间（图 4.11），因此，TADF 材料也可以采用三重态能量来提高能量转换效率。Yu 等报告了一种灵活而普遍的 "CDs@zeolite" 的策略，在水热/溶剂热结晶过程中将碳量子点原位固定在沸石基质中，从而产生高效的 TADF。CDs@zeolite 复合材料表现出高达 52.14% 的量子产率和在环境温度及大气中高达 350ms 的超长寿命（图 4.13），这为开发基于碳量子点的 TADF 材料的先进光电设备提供新思路。

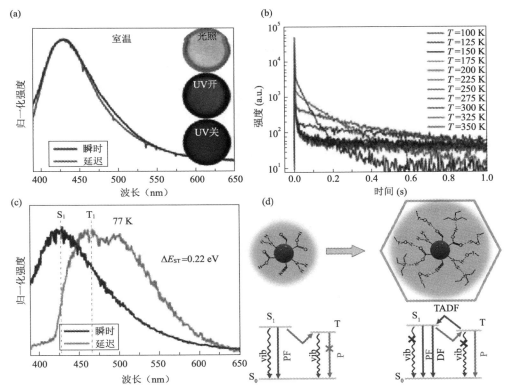

图 4.13　（a）CDs@AlPO-5 在室温下 370nm 激发光下的稳态和延迟光致发光谱（插图：阳光下的照片，365nm 的紫外灯开、紫外灯关）；（b）随温度变化的瞬时光致发光衰减；（c）在 77K 的 370nm 激发光下的稳态光致发光谱（深色线）和延迟光致发光谱（浅色线）；（d）CDs@zeolite 复合材料的 TADF 机理

首先，尽管对碳量子点的室温磷光和 TADF 特性进行了深入的研究，但基于碳量子点的三重态调制的研究仍处于起步阶段，与高质量的过渡金属复合物相比，其磷光量子效率极低，寿命较长（数百毫秒）。其次，基于碳量子点的室温磷光的颜色范围很窄，长波长的发光（特别是橙色或红色发光）没有得到开发。再次，由于碳量子点的结构特点复杂且不明确，到目前为止，基于碳量子点的室温磷光机理还没有被完全阐明。因此，为了获得高效的基于碳量子点的室温磷光，需要通过引入杂原子来填充三重态激子，以增强系统间的交叉，同时抑制非辐射耗散，以实现其在电致发光中的应用。此外，应该在先进的高分辨率表征技术和计算模拟方面投入更多的努力，增加对结构-性能关系和基本磷光机理的理解。

4.5　结　　论

综上所述，本章回顾了碳量子点的光学特性和发光机理方面的最新进展。毫无疑问，用于光电领域的碳量子点在很短的时间已经取得了巨大的进展。然而，对碳量子点的理解和实际应用方面仍然面临着一系列的挑战，如下所述。

第一，碳量子点最具有争议性的基本问题之一是荧光机理。为了研究清楚机理，开发出新的结构表征方法和理论计算方法是非常必要的。此外，还没有开发出简单方法大规模合成出用于蓝光区域以外的更长波长的发光，能够与传统半导体量子点相媲美的高量子产率的碳量子点。

第二，涉及三重态激发态的材料作为一种有前途和有效的方法获得用于电致发光应用的三重态激子，引起了人们的广泛关注。然而，基于碳量子点的三重态发光，特别是碳量子点的室温磷光特性，是罕见的，并且由于单线态到三重态激子的弱自旋轨道耦合，通常表现出极其暗淡的室温磷光，且寿命很长，不利于实现高性能的电致发光。此外，基于碳量子点的长波长发光（橙色或红色）的室温磷光机理没有得到充分的探索。具有室温磷光特性的碳量子点的实际应用只限于防伪、光学记录、传感器和安全保护，而在电致发光方面的潜在应用还有很长的路要走。因此，需要紧急开发新的策略来制备基于三重态发光具有高量子效率和短寿命的碳量子点。

第三，随着多色荧光和高量子产率的不断实现，碳量子点在光电应用领域变得越来越有前景。对于基于磷的白光二极管来说，开发基于本征宽带白色无源碳量子点的高性能单组分暖色白光二极管，其发光波长覆盖 400～700 nm 的整个可见光谱窗口，是固态照明领域亟需解决的问题之一，至今这仍是一个巨大的挑战。

第四，在电致发光方面，前所未有的窄带宽发光三角碳量子点的成功合成将为开发下一代基于碳量子点的显示技术奠定基础。为了进一步发展全彩显示，仍有一些问题需要解决，例如，需要开发新的策略来制备从蓝光到近红外的高量子产率的窄带宽碳量子点。此外，高效的室温磷光特性或 TADF 碳量子点以及优化电荷注入和更好地控制器件的制造，对于改善基于碳量子点的电致发光 LEDs 的性能是非常必要的。当然，为了更好地利用碳量子点，还需要开发简单的、低成本、大规模的制备方法。

第五，碳量子点在激光、太阳电池和光电探测器领域的研究仅仅是个开始，还有很大的发展空间。随着实验和理论研究的不断深入，期待未来在碳量子点的基础研究和光电应用方面取得更多突破性的进展。

4.6　问　　题

1. pn 结的空间电荷区有什么特点？它是如何形成的？
2. 直接带隙半导体和间接带隙半导体的发光过程有什么不同？
3. 碳量子点的荧光机理是什么？
4. 碳量子点的上转换荧光机理是什么？
5. 碳量子点的室温磷光机理是什么？
6. 碳量子点的热激活延迟荧光的机理是什么？

参 考 文 献

Hou H. *Optoelectronic Materials and Devices* (2nd edition), Beihang University Press (2018).

Yuan F., Li S., Fan Z., Meng X., Fan L., and Yang S. "Shining carbon dots: synthesis and biomedical and optoelectronic applications." *Nano Today*, **11**(5), 556-586 (2016).

Yuan T., Meng T., He P., Shi Y., Li Y., Li X., Fan L., and Yang S. "Carbon quantum dots: an emerging material for optoelectronic applications." *J. Mater. Chem. C*, **7**(23), 6820-6835 (2019).

第5章　锂离子电池

锂离子电池以其独特的性能优势，在笔记本电脑、相机、移动通信等便携式电器中得到了广泛的应用。大容量锂离子电池已经开始在电动汽车上进行试验，预计将成为 21 世纪电动汽车、人造卫星、航空航天以及能源存储的主要动力来源之一。随着世界能源的短缺和环保的压力，锂离子电池越来越受到消费者的欢迎。特别是新材料的出现，加快了锂离子电池在工业上的发展和应用。本章以新型分级多孔微/纳米结构为例，对锂离子电池的材料和应用方面进行研究。

分级多孔结构材料普遍呈现多级孔隙结构，孔隙大小分为微孔（<2 nm）、介孔（2～50 nm）和大孔（>50 nm）。这些材料是由分子或其聚集体组成，而这些聚集体是以嵌入或与其他分子或聚集体交织的形式存在的。这些分子或聚集体可能在更大尺寸上同样以类似的形式形成类似结构。这种结构能使材料具有独特的性质和功能。

分级多孔的微/纳米结构材料可以提高锂离子电池的电化学性能（如倍率性能和循环稳定性）。这些材料的优点如下：首先，纳米材料的尺寸大小对电子和锂离子的传输有很大的影响。固态电极材料中的离子扩散与传输路径直接相关，如式(5-1)所示：

$$\tau = L^2 / D \tag{5-1}$$

式中，L、D、τ 分别是 Li^+ 的扩散长度、扩散系数和扩散时间。因此，可以减小分级多孔结构电极材料中锂离子在纳米晶粒中的扩散长度，从而提高倍率性能。其次，分级多孔的微/纳米结构电极材料具有较高的比表面积，可以增加电极与电解质的接触面积，从而提高活性材料的利用率，增加电池的质量比容量。最后，独特的结构可以提供足够的空间容纳充放电过程中的体积变化，具有更好的循环稳定性。

本章首先总结通过保持前驱体形貌的转化合成分级多孔微/纳米结构的研究进展，接着讨论它们在锂离子电池中的应用。

5.1　分级多孔微/纳米结构的多种前驱体

分级多孔结构材料具有超高的比表面积、可控的孔隙大小和形状以及纳米效应等特殊性质,使其能应用于能源转换和存储设备。然而,如何控制材料的结构、尺寸和形状仍然是当前材料合成中亟待解决的问题。目前,利用金属基前驱体转化为多孔金属氧化物的形貌保持转化法是一种比模板法简单且有效的制备方法。其中,静电纺丝是一种通用的保持前驱体形貌的转化方法,可制备出不同形貌的分级多孔微/纳米纤维,如核壳空心多孔微/纳米纤维。鉴于现有的关于静电纺丝方法的综述文章较全面,以下内容将集中介绍该方法所用到的前驱体的研究进展。

5.1.1　金属氢氧化物前驱体

最常见的金属基前驱体是金属氢氧化物,如 $Mn(OH)_2$、$Co(OH)_2$、$Ni(OH)_2$、$Sn(OH)_2$、$Ce(OH)_2$、$La(OH)_3$、$In(OH)_3$、$Y(OH)_3$ 和 Ni-Co 双金属氢氧化物。在金属氢氧化物的合成中,通常使用氢氧化钠、氢氧化铵和水合肼作为氢氧源。其中,氢氧化钠和氢氧化铵反应原理简单,是最常用的不溶性金属氢氧化物。例如,Wang 等通过煅烧制备的束状 $Cu(OH)_2$ 前驱体制备了纳米晶组装的束状 CuO 颗粒,在制备束状 $Cu(OH)_2$ 时,一般是把 NaOH 溶液直接加入 $CuCl_2$ 和 $C_6H_8O_7$ 的混合水溶液中。此外,将 $\beta\text{-}Co(OH)_2$ 和 $Ni(OH)_2$ 混合前驱体在 200℃煅烧,得到了芯环结构的 $NiCo_2O_4$ 纳米片;以氢氧化钠为沉淀剂,可以得到 $Co(OH)_2$ 和 $Ni(OH)_2$ 共沉淀;以 $Co(NO_3)_2$ 与氨水反应制备的 $\beta\text{-}Co(OH)_2$ 纳米棒为前驱体,可以成功地得到针状 Co_3O_4 纳米管。

除 NaOH 和 $NH_3 \cdot H_2O$ 外,尿素在水中热分解或弱酸性盐水解也可产生碱性条件。尿素在水热合成法中起着非常重要的作用,例如,Li 等通过 $\alpha\text{-}Ni(OH)_2$ 前驱体在空气中 300℃热分解 2 h 制备了介孔超薄 NiO 纳米线网格结构;在尿素存在的条件下,Pan 等采用水热法对 $NiCl_2$ 进行处理,得到 $\alpha\text{-}Ni(OH)_2$ 前驱体,再通过煅烧 $\alpha\text{-}Ni(OH)_2$ 前驱体成功地合成了海胆状和花朵状的分级 NiO 微球。在镍盐-尿素-水三元体系中,通过简单调节镍盐浓度可控制前驱体的形貌,因为插入 $\alpha\text{-}Ni(OH)_2$ 晶格中的阴离子强烈影响自组装过程,从而决定了 $\alpha\text{-}Ni(OH)_2$ 的形貌和结构。

尿素改变形貌的机理如下:在适当的温度下(通常在 80℃ 以上),尿素逐渐水解并释放出 NH_3 和 CO_2,创造弱碱性条件生成金属氢氧化物或金属碳酸盐氢氧核;通过控制 NH_3 和 CO_2 的释放速率可以控制原子核的生长,同时为纳米块的自发自组装提供足够的时间,使得纳米块相互作用能最小。相关反应如下。

对于尿素在水中的热分解:

$$CO(NH_2)_2 + H_2O \longrightarrow 2NH_3 + CO_2 \tag{5-2}$$

$$M_1^{x+} + xNH_3 + xH_2O \longrightarrow M_1(OH)_x + xNH_4^+ \tag{5-3}$$

其中，M_1 为金属元素；$M_1(OH)_x$ 为不溶的金属氢氧化物。对于多级结构前驱体的生长，除尿素的分解外，用适当的弱酸盐(如乙酸钠)是另一种获得金属离子沉淀的碱性条件的方法。

对于弱酸盐的水解，以乙酸盐(Ac)为例：

$$M_2(Ac)_y + yH_2O \longrightarrow yHAc + M_2^{y+} + yOH^- \tag{5-4}$$

$$M_2^{y+} + yOH^- \longrightarrow M_2(OH)_y \tag{5-5}$$

其中，M_2 为金属元素；$M_2(OH)_y$ 为不溶性金属氢氧化物。乙酸基水解生成 OH^-，然后 OH^- 与金属离子结合生成金属氢氧化物[式5-4]。例如，一个典型实验是通过 $NiCl_2$ 和 NaAc 在乙二醇(ethylene glycol，EG)和水的混合溶液中反应得到 α-Ni(OH)$_2$ 前驱体，通过煅烧 α-Ni(OH)$_2$ 前驱体制备了具有锕系结构的纳米多孔 NiO 结构，该方法中 NaAc 为片状 α-Ni(OH)$_2$ 的形成提供了弱碱性环境；还有报道，以 $Ni(Ac)_2$ 和 $Co(Ac)_2$ 为原料，在含有 1,3-丙二醇和异丙醇的溶液中，通过层状镍钴氢氧化物前驱体的热转化，制备了层状 $NiCo_2O_4$ 四方微管。另外，聚乙二醇[poly(ethyleneglycol)，PEG]、聚乙烯基吡咯烷酮[poly(vinylpyrrolidone)，PVP]和十二烷基硫酸钠(sodium dodecyl sulfate，SDS)等表面活性剂的两亲性特征，在更复杂的微/纳米材料的形成中发挥重要作用。例如，在 SDS 的作用下，由二维纳米薄片通过水热法制备了具有三维微花结构的 $In(OH)_3$，再通过对 $In(OH)_3$ 前驱体进行煅烧，可以得到保持其形貌的 In_2O_3。

5.1.2　金属碳酸盐前驱体

金属碳酸盐，如碳酸锰、碳酸钴和钴锰双金属碳酸盐，是另一类可用于制备分级多孔结构的前驱体。当生成金属碳酸盐时，无机盐或某些有机物的分解通常被用作碳酸盐离子的来源。NH_4HCO_3 和 Na_2CO_3 是为各种金属碳酸盐合成提供碳酸盐离子最常用的无机盐。例如，采用三步法保持前驱体形貌的转化合成方法，可以制备 $LiNi_{0.5}Mn_{1.5}O_4$ 空心微球。首先，以 $MnSO_4$ 为锰源，NH_4HCO_3 为沉淀剂，采用简单沉淀法制备了球形 $MnCO_3$；然后，形成的 $MnCO_3$ 微球热分解为多孔 MnO_2，保持了 $MnCO_3$ 煅烧后的微球形貌；最后，将 LiOH 和 $Ni(NO_3)_2$ 浸渍到合成的中孔 MnO_2 微球中，形成中空微球 $LiNi_{0.5}Mn_{1.5}O_4$。这一形成过程类似于柯肯德尔效应，即 Mn 和 Ni 原子向外扩散比 O 原子向内扩散快。采用类似的三步法可以制备 $LiMn_2O_4$ 微球。此外，还可以采用两步法合成分级多孔结构的 $LiNi_{1/3}Co_{1/3}Mn_{1/3}O_2$：以 Na_2CO_3 和 NH_3HCO_3 为沉淀剂制备碳酸盐前驱体 $(Ni_{1/3}Co_{1/3}Mn_{1/3})CO_3$，然后与锂源混合得到目标物。

多种有机物都可以用来合成金属碳酸盐前驱体，它们具有一些共同特征，如含有—CH_2OH、—CHO 或—COOH 基团。在一组给定的反应条件下(如水热), 这些化合物分解,生成 CO_3^{2-},与金属阳离子结合形成金属碳酸盐核,随后生长产生金属碳酸盐前驱体。通常果糖和 β-环糊精被用作多功能多元醇试剂来制备不同的 $MnCO_3$ 微观结构,再通过煅烧合成 $MnCO_3$,得到了分级多孔 Mn_2O_3,该制备机理如式(5-6)～式(5-10)所示。高锰酸盐和多醇基有机分子[如果糖和 β-CD,其中 CD=环糊精$(C_6H_{10}O_5)_7$]之间的氧化还原反应会产生 $MnCO_3$ 和 MnOOH 沉淀,这些沉淀会在多醇基有机分子的热解过程中成核。

$$4R—CH_2OH+MnO_4^- \longrightarrow MnOOH+4R—CHO+OH^-+H_2O \qquad (5\text{-}6)$$

$$R—CHO+MnO_4^- \longrightarrow MnOOH+R—COO^-+H_2O \qquad (5\text{-}7)$$

$$R—COO^-+MnO_4^-+H^+ \longrightarrow Mn^{2+}+CO_2+H_2O \qquad (5\text{-}8)$$

$$CO_2+H_2O \longrightarrow 2H^++CO_3^{2-} \qquad (5\text{-}9)$$

$$Mn^{2+}+CO_3^{2-} \longrightarrow MnCO_3 \qquad (5\text{-}10)$$

氧化还原反应需要强氧化剂,而高锰酸钾是合成锰基前驱体最常用的氧化剂之一。其他研究人员也开发了类似的合成方法,例如,通过改变 D-麦芽糖与 $KMnO_4$ 的原料质量比,合成了一系列锰基前驱体(无定形 MnO_2 花、γ-MnOOH 纳米棒、$MnCO_3$ 立方体、多面体和纺锤形),然后在 600℃烧结得到各种形貌 α-Mn_2O_3。

$KMnO_4$ 还可被用于制备氧化低价锰化合物,例如:

$$3MnCO_3+2KMnO_4 \longrightarrow 5MnO_2+K_2CO_3+2CO_2 \qquad (5\text{-}11)$$

利用该反应,可以通过改变合成条件来调节 $MnCO_3$ 的形貌,再通过保 $MnCO_3$ 前驱体的形貌,制备出分级中空的 MnO_2 微球和微立方体(图 5.1)。图 5.1(g)显示了 MnO_2 分级中空结构的制备路径,简单地说,通过水热法制备了多种形貌的 $MnCO_3$ 前驱体,$KMnO_4$ 与 $MnCO_3$ 反应形成核壳 $MnCO_3@MnO_2$ 结构,其中 MnO_2 为壳,$MnCO_3$ 为核;然后,利用 HCl 蚀刻去除 $MnCO_3$ 核后,MnO_2 壳层保留原有框架,从而生成空心结构。另外,通过延长 $KMnO_4$ 与 $MnCO_3$ 的反应时间,可以增加 MnO_2 的厚度。同样,Cao 等基于形貌可控的 $MnCO_3$ 前驱体合成了多种形貌的 Mn_2O_3,包括空心结构的球、立方体、椭球和哑铃。也有人提出了其他类似的方法来制备 $LiMn_2O_4$,例如,通过水热法,在过硫酸盐[$(NH_4)_2S_2O_8$]存在下,将 $Mn(CH_3COO)_2 \cdot 4H_2O$ 氧化得到 β-MnO_2,再将合成的 β-MnO_2 纳米棒与 LiOH 反应制备尖晶石 $LiMn_2O_4$。

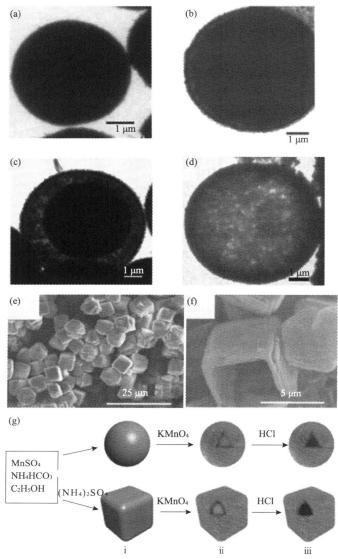

图 5.1　MnCO₃ 微球(a)、化学反应[式(5-11)]后的 MnCO₃@MnO₂(b)、部分去除 MnCO₃ 后的 MnCO₃@MnO₂(c)和完全去除 MnCO₃ 后的空心 MnO₂(d)的 TEM 图。MnCO₃ 微立方体(e)和 MnO₂ 微立方体(f)的扫描电镜(SEM)图。分层中空 MnO₂ 纳米结构形成过程示意图(g)：i)不同形貌的 MnCO₃ 前驱体，ii)MnCO₃@MnO₂，iii)分级中空 MnO₂ 纳米结构

　　表面活性剂也可应用于构建金属碳酸盐前驱体，其过程与金属氢氧化物类似。以 Co(CH₃COO)₂·4H₂O、PVP、二甘醇(diethylene glycol，DEG)和尿素为反应原料，合成了不同类型的 CoCO₃ 前驱体，制备了三种高度均匀的 Co₃O₄(花生状、

胶囊状和菱形形貌），并提出了沉淀—溶解—再成核—生长—聚集机制来解释前驱体的形成。该机理中，当溶液达到过饱和度时，瞬时产生初级沉淀，不稳定的沉淀经历再溶解、再成核和结晶生长。$CoCO_3$ 的结晶过程可以简单描述如下：大约 90℃加热时，尿素分解为 CO_2 和 OH^-[式(5-12)]，在密闭条件下，溶解的 CO_2 大部分转化为碳酸根[式(5-13)]，然后 Co^{2+} 与生成的碳酸根结合形成 $CoCO_3$ 沉淀[式(5-14)]，$CoCO_3$ 的形成过程非常依赖于碳酸根的溶解，最后将 $CoCO_3$ 在空气中煅烧得到目标物 Co_3O_4[式(5-15)]。

$$CO(NH_2)_2 + 3H_2O \longrightarrow 2NH_4^+ + CO_2 + 2OH^- \tag{5-12}$$

$$CO_2 + 2OH^- \longrightarrow CO_3^{2-} + H_2O \tag{5-13}$$

$$Co^{2+} + CO_3^{2-} \longrightarrow CoCO_3 \tag{5-14}$$

$$6CoCO_3 + O_2 \longrightarrow 2Co_3O_4 + 6CO_2 \tag{5-15}$$

类似地，利用 PVP 作为覆盖剂，通过溶剂热途径成功制备了 $CoCO_3$ 纳米结构，再在空气中对 $CoCO_3$ 进行热处理，得到了各向异性多孔 Co_3O_4 纳米胶囊。除表面活性剂外，螯合剂的几何形状和强度对形貌的控制起着至关重要的作用。例如，荷花状 $MnCO_3$ 的生长依赖于水溶液中的螯合剂(柠檬酸)，通过煅烧 $MnCO_3$ 前驱体合成了三维分级组装的荷花状多孔 MnO_2。同理，$MnCO_3$ 的棒状、球形和纳米聚集体也可以通过不同的螯合剂(分别为柠檬酸、酒石酸和草酸)来合成。有趣的是，通过控制热分解温度也制备出了一些新颖的结构。例如，通过控制 $MnCO_3$ 前驱体的热分解温度，制备了三壳、立方状多孔 Mn_2O_3(图 5.2)。具体步骤如下：首先在 300℃下以 $1℃\cdot min^{-1}$ 的升温速率加热烧结 $MnCO_3$ 前驱体 1 h，然后在 600℃下以 $2℃min^{-1}$ 的升温速率加热 1 h。在煅烧初期，沿自由基方向存在较大的温度梯度(ΔT_1)，导致 $MnCO_3$ 核表面出现 Mn_2O_3 壳层，$MnCO_3$ 分解产生的收缩力(F_c)促进 $MnCO_3$ 核向内收缩，而相对坚硬的 Mn_2O_3 壳层产生的黏结力(F_a)阻止 $MnCO_3$ 核向内收缩，从而产生了分级多孔结构。在早期阶段，F_c 凭借庞大的 ΔT_1 超越了 F_a，因此，内核向内收缩，与外壳分离。与第一次热处理(ΔT_1)相似，第二次热处理(ΔT_2)产生了三壳 Mn_2O_3，随着加热时间的延长，F_c 迅速下降，当 F_a 超过 F_c 时，物质运动方向发生逆转，内核向外收缩，在中心留下一个空腔。同理，将 $Co_{0.33}Mn_{0.67}CO_3$ 前驱体在 600℃下以 $2℃\cdot min^{-1}$ 的升温速率加热 5 h，可制备双壳的 $CoMn_2O_4$ 空心微立方体。

此外，Wang 等通过精确控制热处理，将 $MnCO_3$ 部分热分解合成了空心 MnO_2。过程如下：首先通过部分煅烧过程，表面的 $MnCO_3$ 转化为 MnO_2 氧化层，留下

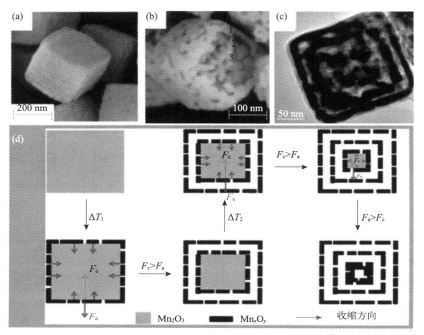

图 5.2　$MnCO_3$ 纳米立方体的 SEM 图（a 和 b）、三壳 Mn_2O_3 空心纳米立方体 TEM 图（c）和形成示意图（d）

$MnCO_3$ 的内核，从而形成"core@shell"（$MnCO_3@MnO_2$）结构；然后采用酸处理去除内核，形成多孔空心 MnO_2。该方法也可用于制备其他中空 MO_x（M：Fe，Co，Ni 等）。通过控制煅烧温度可以改变孔径大小，例如，Chang 等通过 $MnCO_3$ 在不同温度下煅烧促使保持前驱体形貌的转化，成功合成了不同孔径的 Mn_2O_3 微球；随着煅烧温度的升高，微球内的纳米颗粒明显增大，微球直径减小，这可能是由于纳米颗粒的聚集和再生长；伴随着孔径变大，微球越来越不均匀，直至微球完全破裂消失。

5.1.3　金属碳酸盐氢氧化物前驱体

　　金属碳酸盐氢氧化物也是一种很有前途的制备分级多孔金属氧化物的前驱体。必须存在或在反应溶液中生成 OH^- 和 CO_3^{2-}，才能合成金属碳酸盐氢氧化物。根据金属离子的性质（如相应金属盐的溶解度），金属离子可以形成金属氢氧化物、金属碳酸盐或金属碳酸盐氢氧化物。并不是每一种金属离子都能形成金属碳酸盐氢氧化物。一般来说，锌基碳酸盐氢氧化物、钴基碳酸盐氢氧化物和镍基碳酸盐氢氧化物是比较常用的。

　　以锌基碳酸盐氢氧化物为例，介绍金属碳酸盐氢氧化物前驱体。溶液沉积法、回流法、水热法和溶剂热法等多种方法可以用来合成锌基碳酸盐氢氧化物前驱体，如 $Zn_5(CO_3)_2(OH)_6$[图 5.3 (a~e)]和 $Zn_4CO_3(OH)_6$[图 5.3 (f~j)]。反应过程可以表示为

$$5Zn^{2+} + 6OH^- + 2CO_3^{2-} \longrightarrow Zn_5(CO_3)_2(OH)_6 \qquad (5\text{-}16)$$

$$4Zn^{2+} + 6OH^- + CO_3^{2-} + xH_2O \longrightarrow Zn_4(CO_3)(OH)_6 \cdot xH_2O \ (x:0 \ 或 \ 1) \ (5\text{-}17)$$

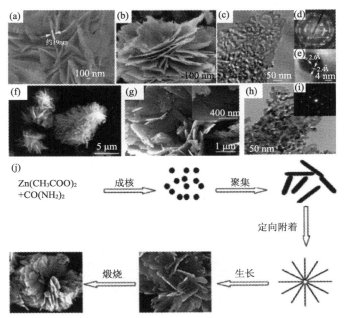

图 5.3　$Zn_5(CO_3)_2(OH)_6$ 前驱体的 SEM 图像(a)，由边缘厚度约为 19 nm 的片状纳米结构组成，多孔 ZnO 纳米片的 SEM 图像(b)，单个多孔 ZnO 纳米片的典型 TEM 图像(c)，多孔 ZnO 纳米片的选区电子衍射(SAED)图(d)和高分辨率 TEM (HRTEM)图(e)；$Zn_4CO_3(OH)_6$ 前驱体(f)和 ZnO 三维多孔结构(g)的 SEM 图，ZnO 纳米片的放大 TEM 图(h)和相应的 SAED 图(i)，多孔结构的形成示意图(j)

在 Jing 的工作中，首先在尿素的存在下制备了边缘厚度约为 19 nm 的片状 $Zn_5(CO_3)_2(OH)_6$ 前驱体，然后在 400℃下煅烧 2h，生成多孔 ZnO 纳米片。此外，通过层状 $Zn_4(CO_3)(OH)_6 \cdot H_2O$ 前驱体的转化，制备了由相互连接的纳米片组成的三维多孔 ZnO 结构。在上述制备过程中，尿素在决定最终形貌方面发挥了重要作用。同样，在尿素的作用下，Leiet 等通过煅烧 $Zn_4(CO_3)(OH)_6$ 微球制备了多孔 ZnO 微球，因为前驱体在热分解过程中释放出 H_2O 和 CO_2，因而形成多孔结构。此热分解过程可以表示为

$$Zn_x(CO_3)_y(OH)_6 \cdot zH_2O \longrightarrow xZnO + yCO_2 \uparrow + (z+3)H_2O \uparrow \quad (5\text{-}18)$$

钴基中间体化合物是合成 Co_3O_4 或 CoO 的一个重要的前驱体。例如，Xiong 等在尿素和氯化钠的存在下，通过水热途径合成了菊花状 $Co(CO_3)_{0.5}(OH) \cdot 0.11H_2O$，在正常煅烧条件下转化为介孔 Co_3O_4，而在氩气气氛中煅烧单斜 $Co_2(OH)_2CO_3$ 纳米片前驱体，成功制备了立方 CoO 纳米网。同理，通过在 250℃ 煅烧 $Co(CO_3)_{0.5}(OH) \cdot 0.11H_2O$ 前驱体，成功地合成了 Co_3O_4 纳米棒、纳米带、纳米片和立方/八面体纳米颗粒，并且能够暴露出高能 (110) 晶面。此外，还合成了具有分级结构的钴-镍双金属碳酸氢氧化物和钴-锰双金属碳酸氢氧化物，并以它们作为前驱体，制备了分级多孔产物。另外，通过煅烧形状类似海胆双金属 (Ni，Co) 碳酸氢氧化物，制备出一种 $NiCo_2O_4$ 尖晶石，其类似海胆形状的结构得到保持。具体制备步骤如下：采用连续结晶工艺制备了双金属碳酸盐氢氧化物前驱体，单金属碳酸镍氢氧化物先成核，然后演变成花状微球，再经局部溶解重结晶形成双金属氢氧化物纳米棒，最后形成海胆状结构，然后煅烧 $NiCo(OH)_2CO_3$，制备了中孔刺状镍钴氧化物微球。

弱酸盐结合 $(NH_4)_2CO_3$ 也可用于提供 CO_3^{2-} 和 OH^-。例如，Wang 等采用水热法，以乙酸锌和 $(NH_4)_2CO_3$ 为原料，通过水解和解离分别得到 OH^-、Zn^{2+} 和 CO_3^{2-}，然后形成前驱体 $Zn_5(CO_3)_2(OH)_6$，再对 $Zn_5(CO_3)_2(OH)_6$ 前驱体进行煅烧，最后合成了三维巢状多孔 ZnO。六亚甲基四胺也可用于金属碳酸盐氢氧化物前驱体的制备，因为当反应温度超过 120℃ 时，六亚甲基四胺分解，在水中释放 OH^- 和 CO_3^{2-}。例如，在六亚甲基四胺的存在下，通过水热法，由纳米片制备了 $Ni_2(OH)_2CO_3$ 微球，在 300℃ 下进一步热处理 2 h，制备出了分级多孔 NiO 微球。如前所述，可以看到 SDS、Pluronic F127 和十六烷基三甲基溴化铵 (cetyltrimethylammonium bromide，CTAB) 等表面活性剂是制备具有多种形貌的金属碳酸盐氢氧化铵前驱体的有效试剂。例如，Chen 等在 CTAB 存在下，通过热分解得到 $Co(CO_3)_{0.5}(OH) \cdot 0.11H_2O$ 前驱体，成功地合成了胆状空心 Co_3O_4 球。

5.1.4　MOF 前驱体

金属有机骨架 (metal-organic framework，MOF) 也是最具前景的分级多孔材料前驱体之一。配体作为 MOF 连接体，通常含有能配位的官能团 (如—OH、—COOH、—NH_2)，因此非常重要。根据配体类型的不同，研究人员将 MOF 前驱体分为金属羧酸配合物、金属氢氧乙酸配合物、金属醇盐配合物、金属乙醇酸配合物、普鲁士蓝 (Prussian blue，PB) 配合物和金属咪唑/吡啶配合物。

5.1.5　其他前驱体

除上述前驱体外，一些金属无机盐，如金属羟基氧化物、类水滑石盐和硝酸盐，也偶尔被用作固体前驱体，经化学/热转化合成纳米结构的金属氧化物。

5.2　分级多孔微/纳米结构材料在锂离子电池中的应用

分级多孔结构材料在锂离子电池中的应用主要分为阳极材料和阴极材料两大类。

5.2.1　阳极材料

过渡金属基氧化物，如单金属氧化物（如钴氧化物、镍氧化物、铁氧化物和锰氧化物）和混合金属氧化物（$A_xB_{3-x}O_4$；A，B=Co，Ni，Zn，Mn，Fe 等），由于其与商品化石墨电荷容量（约 372 $mAh·g^{-1}$）相比，具有相对较高的理论容量（如 Co_3O_4 为 890 $mAh·g^{-1}$，NiO 为 718 $mAh·g^{-1}$，Fe_2O_3 为 1007 $mAh·g^{-1}$，Mn_2O_3 为 1019 $mAh·g^{-1}$），是较好的阳极材料。这些高容量是由于锂离子与金属氧化物在电解液中发生了如下转换反应：

$$M_xO_y + 2yLi^+ + 2ye^- \longrightarrow xM + yLi_2O \qquad (5-19)$$

虽然金属氧化物具有高容量，但因其第一次充放电循环过程中发生的高不可逆容量损耗和长时间循环过程中活性材料退化，作为阳极材料的实际应用仍然受到限制。第一个问题往往是由大多数阳极材料的固有特性造成的，而后者则是由锂嵌入/脱出过程中体积变化较大（如 Co_3O_4 和 Fe_3O_4 的体积膨胀约 100%）造成的。

通过保持前驱体形貌的转化方法，可以很容易地制备出具有分级多孔结构的钴氧化物，并能改善锂离子存储性能。两种主要类型的钴氧化物是 CoO 和 Co_3O_4，它们的理论容量分别为 715 $mAh·g^{-1}$ 和 890 $mAh·g^{-1}$。初始放电和充电时，CoO 电极的电压平台分别在 0.7 V 和 2.1 V。Co_3O_4 电极初始放电时的电压平台值约 0.8～1.3 V，充电时的电压平台值为 2.2 V。Co_3O_4 材料因其高容量、易制备而备受关注。例如，由 β-$Co(OH)_2$ 纳米针形成的分级中空 Co_3O_4 纳米针可以很好地改善锂离子电池的电化学性能；电化学测试结果显示，合成的样品在 3 V 到 10 mV 之间以电流密度 150 $mA·g^{-1}$ 放电时的第一次放电容量约为 1290 $mAh·g^{-1}$，循环 50 次后仍保持 1079 $mAh·g^{-1}$ 的可逆容量；这种良好的电化学性能归因于锂离子传输距离短以及纳米颗粒之间的相互作用增强。再者，以 $Co(CO_3)_{0.5}(OH)_{0.11}·H_2O$ 纳米带阵列前驱体制备的多孔 Co_3O_4 纳米带阵列具有良好的电化学性能；充放电测试表明，Co_3O_4 纳米带阵列在 177 mA·g^{-1} 的充放电条件下，25 次循环后的质量比容量为 770 mAh·g^{-1}，即使在 1670 mA·g^{-1} 和 3350 mA·g^{-1} 的高电流密度下，在 30 次循环后，质量比容量仍然分别为 510 mAh·g^{-1} 和 330 mAh·g^{-1}。此外，通过煅烧乙醇酸钴前驱体成功合成了由 Co_3O_4 纳米片组装而成的单壳(S-Co)、双壳(D-Co)和三壳(T-Co)空心球(图 5.4)；初始充放电测试表明，S-Co、D-Co 和 T-Co 的放电容量分别约为 1199.3 mAh·g^{-1}、1013.1 mAh·g^{-1} 和 1528.9 mAh·g^{-1}；循环性能测试结果显示，S-Co、D-Co 和 T-Co 以 $C/5$ 的速率循环 50 次后，容量分别高达 680 mAh·g^{-1}、866 mAh·g^{-1} 和 611 mAh·h^{-1}，这些值均优于商业样品(C-Co)；即使在 $2C$ 的高倍率下，D-Co 也能够提供 500.8 mAh·g^{-1} 的容量，这表明 D-Co 具有良好的倍率性能。

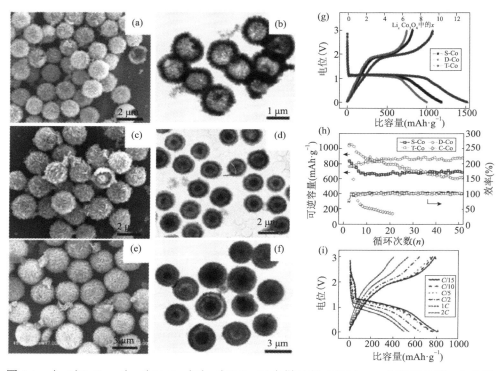

图 5.4　(a, b) S-Co、(c, d) D-Co 和 (e, f) T-Co 三个样品的 SEM(a, c, e) 和 TEM(b, d, f) 图像；(g) S-Co、D-Co 和 T-Co 的第一次循环放电/充电曲线；(h) 在 $C/5$(178 mA·g^{-1}) 的电流速率下，三个制备样品和商业 Co_3O_4 产品(C-Co) 的循环性能；(i) 不同电流密度下 D-Co 的充放电曲线

　　锰基氧化物因成本低、环境友好、容量大、反应电压低(初始放电 0.2～0.5 V)等优点也得到了广泛的研究。不同类型的前驱体转化得到不同形貌和晶体

结构，锰氧化物的晶体结构主要包括立方岩（MnO，756 mAh·g^{-1}）、反尖晶石（Mn$_3$O$_4$，937 mAh·g^{-1}）、六方刚玉（Mn$_2$O$_3$，1019 mAh·g^{-1}）和二氧化锰结构（MnO$_2$，1223 mAh·g^{-1}）。在这些报告中，发现具有分级多孔结构的锰基氧化物具有增强锂存储能力。Mn$_2$O$_3$ 是一种具有结构柔性的功能过渡金属氧化物，因独特的物理化学性质而受到广泛关注。例如，Qian 的团队通过简单 Mn(OH)$_2$ 前驱体的转化制备了多孔 Mn$_2$O$_3$ 纳米材料，所制备的 Mn$_2$O$_3$ 具有较高的稳定的可逆容量，在电流密度为 300 mA·g^{-1} 的情况下，多孔 Mn$_2$O$_3$ 纳米花循环 100 次后容量可达约521 mAh·g^{-1}，表明多孔结构是 Mn$_2$O$_3$ 提高电化学性能的关键。由 MnCO$_3$ 制备的三壳 Mn$_2$O$_3$ 空心纳米立方体也表现出优异的电化学性能。作为锂离子电池的阳极材料，在电流密度为 500 mA·g^{-1} 和 2000 mA·g^{-1} 时，可逆容量分别是606 mAh·g^{-1} 和 350 mAh·g^{-1}。

铁氧化物具有理论容量大、成本低、环境友好、耐腐蚀等优点，是锂离子电池组极具前景的阳极材料。通过保持前驱体形貌的转化法可以得到赤铁矿（α-Fe$_2$O$_3$，1007 mAh·g^{-1}）和磁铁矿（Fe$_3$O$_4$，924 mAh·g^{-1}）两种典型的氧化铁相，氧化铁的放电平台位于 0.8 V 左右，研究具有不同特征的 Fe$_2$O$_3$ 纳米结构，以改善其电化学性能。例如，由普鲁士蓝前驱体制备的具有良好空心结构和分级壳层的 Fe$_2$O$_3$ 微盒具有较高的比容量和优良的循环性能，在 200 mA·g^{-1} 电流密度下，循环 30 次后，可逆容量最高为 945 mAh·g^{-1}；纺锤状多孔 α-Fe$_2$O$_3$ 具有显著提高的锂存储性能，在倍率为 0.2C 循环 50 次后，其容量为 911 mAh·g^{-1}，即使在高循环倍率（10C）下，其可逆容量也可达到 424 mAh·g^{-1}。

铜氧化物 Cu$_2$O（375 mAh·g^{-1}）和 CuO（674 mAh·g^{-1}）因为无毒且天然丰富，也被用作阳极材料，可以通过一种简单的方法制备。例如，所制备的束状 CuO 表现出优异的电化学性能，具有较高的倍率性能；在 0.3 C 条件下，CuO 的初始放电容量为 1179 mAh·g^{-1}，循环 50 次后仍保持 666 mAh·g^{-1} 的容量，即使在高倍率（6 C）F，容量保持在 361 mAh·g^{-1}。

与单过渡金属氧化物相比，二元过渡金属氧化物具有更高的理论比容量、优越的倍率性能和更好的循环稳定性，已被广泛用作锂离子电池阳极材料。通过不同前驱体的热处理很容易得到这些混合金属氧化物，Ni-Co 基氧化物的电导率/离子电导率显著提高，电化学性能特别是倍率性能得到增强。例如，由镍钴基乙酸氢氧化物衍生的具有蛋黄-蛋壳结构的中孔氧化 Ni$_{0.37}$Co 纳米晶在 200 mA·g^{-1} 的电流密度下循环 30 次，初始放电容量为 1394.4 mAh·g^{-1}，可逆容量约为 1028.5 mAh·g^{-1}。在这些 Ni-Co 基氧化物中，NiCo$_2$O$_4$ 具有尖晶石结构（即镍占据八面体位置，钴同时分布在八面体和四面体位置），因其显著增强的电化学性能而备受关注。例如，由 Ni$_{0.33}$Co$_{0.67}$CO$_3$ 制备的中孔 NiCo$_2$O$_4$ 微球在电流密度为 200 mA·g^{-1} 时，循环 30 次后，仍保持 1198 mAh·g^{-1} 的可逆容量；即使电流密度增大为 800 mA·g^{-1} 时，

500 次循环后仍保持 705 mAh·g^{-1} 的容量。其他二元金属氧化物，如 CoMn$_2$O$_4$，比 MnO$_x$ 具有更高的电子导电性。以 Co$_{0.33}$Mn$_{0.67}$CO$_3$ 为原料制备的双壳空心 CoMn$_2$O$_4$ 微立方体，在电流密度为 200 mA·g^{-1} 时，放电容量约为 830 mAh·g^{-1}，循环 50 次后放电容量仍保持在 624 mAh·g^{-1}；以 Mn$_3$[Co(CN)$_6$]$_2$·nH$_2$O 纳米立方体为原料制备了泡沫状多孔尖晶石 Mn$_x$Co$_{3-x}$O$_4$，电化学测试表明，在 200 mA·g^{-1} 的电流密度下，初始放电容量为 1395 mAh·g^{-1}，循环 30 次后仍保持 733 mAh·g^{-1} 的高充电容量。

　　阳极材料的充电电压越低，能量密度越高。ZnMn$_2$O$_4$ 因其工作电压远低于钴基或铁基氧化物，且成本低、环境友好而受到广泛关注。例如，由乙醇酸锌制成的 ZnMn$_2$O$_4$ 球-球空心微球 (图 5.5)，在电流密度为 400 mA·g^{-1} 时，初始放电/充电容量约 945/662 mAh·g^{-1}；在循环性能测试中，放电容量在大约 50 次循环后逐渐下降到 490 mAh·g^{-1}，在之后的数十次循环中保持稳定，然后开始增加，在 120 次循环后达到 750 mAh·g^{-1}；相应地，第一次循环的库仑效率约为 70%，经过

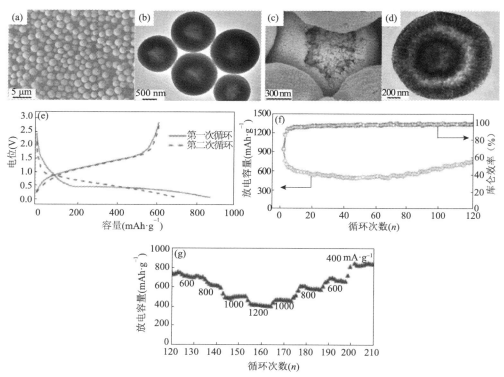

图 5.5　乙醇酸 ZnMn 前驱体 (a,b) 和 ZnMn$_2$O$_4$ 球-球空心微球 (c,d) 的典型场发射 SEM (field-emission SEM，FESEM) 图 (a,c) 和 TEM 图 (b,d)；在电流密度为 400 mA·g^{-1} 时，第一次循环和第二次循环充放电剖面 (e)；400 mA·g^{-1} 时的循环性能及其库仑效率 (f)；多种电流密度时的倍率性能 (g)

几次循环后，库仑效率迅速提高到 98%，然后在剩下的循环中稳定在约 100%；在电流密度为 400 mA·g^{-1} 时，循环 120 次后，对同一电池进行倍率性能测试，电流密度为 600 mA·g^{-1}、800 mA·g^{-1}、1000 mA·g^{-1} 和 1200 mA·g^{-1} 时，该电池能够提供容量分别为 683 mAh·g^{-1}、618 mAh·g^{-1}、480 mAh·g^{-1} 和 396 mAh·g^{-1}。$ZnMn_2O_4$ 球-球空心微球的电化学性能增强的原因是：初级纳米颗粒的平均尺寸较小，减小了 Li$^+$ 的扩散距离，多孔结构中的孔隙空间可以作为电解质储层，使其具有良好的倍率性能；更重要的是，$ZnMn_2O_4$ 独特的球-球空心形貌可以显著提高结构的完整性，在一定程度上缓解重复循环过程中体积膨胀引起的机械应变，获得良好的循环稳定性。

金属钒酸盐也可以用作阳极材料。事实上，具有不同形貌和结构的金属钒酸盐的设计和合成已经引起了人们极大的兴趣。以 $Co_2V_2O_7 \cdot nH_2O$ 为前驱体，经热处理得到的多孔 $Co_2V_2O_7$ 六方纳米片，具有良好的循环稳定性和倍率性能。具体地说，多孔 $Co_2V_2O_7$ 在 0.5 A·g^{-1} 的电流密度下，150 次循环后，可逆容量仍保持 866 mAh·g^{-1}，几乎保持 100%的容量；在 0.2 A·g^{-1}、0.5 A·g^{-1}、1.0 A·g^{-1}、2.0 A·g^{-1} 和 5.0 A·g^{-1} 时，容量分别为 813 mAh·g^{-1}、666 mAh·g^{-1}、594 mAh·g^{-1}、518 mAh·g^{-1} 和 344 mAh·g^{-1}。其他被报道具有更强的锂存储性能的金属氧化物如 NiO、$MnCo_2O_4$、$Mn_{1.5}Co_{1.5}O_4$、$CoFe_2O_4$、$ZnCo_2O_4$、$CaSnO_3$ 等，也可以通过保持前驱体形貌的转化法来制备。

5.2.2　阴极材料

目前可用的阴极材料包括层状 $LiCoO_2$（约 140 mAh·g^{-1}）、尖晶石 $LiMn_2O_4$（约 120 mAh·g^{-1}）和橄榄石 $LiFePO_4$（约 170 mAh·g^{-1}）。为了满足锂离子电池更高的能量密度和功率密度的要求，必须开发更高比容量和高电压的新型结构阴极材料。在目前报道的金属基阴极材料中，富含锂的层状氧化物材料[如 $xLi_2MnO_3 \cdot (1-x)LiMO_2$（M = Mn，Ni，Co，Fe，Cr 等）]因高比容量（> 250 mAh·g^{-1}）和高工作电压（室温下 > 4.6 V）而备受关注。例如，Wu 的团队制备了具有暴露 (010) 晶面的分级纳米结构 $Li_{1.2}Ni_{0.2}Mn_{0.6}O_2$，其由准球形 $Ni_{0.2}Mn_{0.6}(OH)_{1.6}$ 前驱体转化而来（图 5.6）；在 2.0～4.8 V 下，在 1 C、2 C、5 C、10 C 和 20 C 倍率下，分别得到了 230.8 mAh·g^{-1}、216.5 mAh·g^{-1}、188.2 mAh·g^{-1}、163.2 mAh·g^{-1} 和 141.7 mAh·g^{-1} 的高放电比容量，这种高倍率性能可以归因于两个关键因素：促进 Li$^+$快速扩散的特殊的纳米板定向排列和提供高效的 3D 电子传输网络的分级结构。

$LiNi_{1/3}Co_{1/3}Mn_{1/3}O_2$ 是一种典型的层状阴极材料，其镍、钴、锰离子的价态分别为+2、+3 和+4，相对于 $LiCoO_2$、$LiNiO_2$ 和 $LiMnO_2$，该材料表现出更强的电

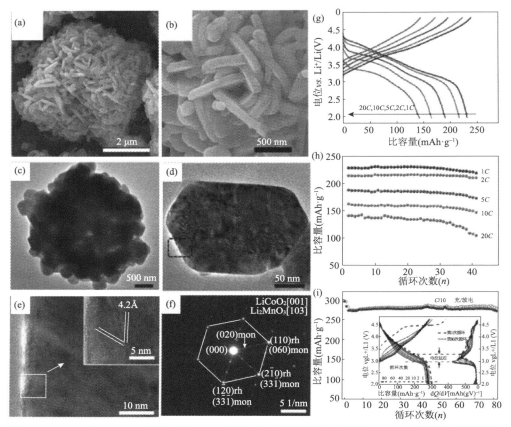

图 5.6　HSLR 的 FESEM 图 (a,b) 和 TEM 图 (c,d)，图 (d) 标记区域的 HRTEM 图 (e)，图 (e) 插图为框中放大图，图 (d) 对应的 SAED 图 (f)，HSLR 在不同倍率下的充放电曲线 (g)，HSLR 在不同倍率下的循环性能 (h)，HSLR 材料在 C/10 下的循环性能 (i)，图 (i) 插图为相应的电压分布图和 dQ/dV 图

化学性能。LiNi$_{1/3}$Co$_{1/3}$Mn$_{1/3}$O$_2$ 通常是先合成金属碳酸盐前驱体，然后在高温下与锂源反应得到，分级多孔结构的 LiNi$_{1/3}$Co$_{1/3}$Mn$_{1/3}$O$_2$ 在高倍率性能和长循环稳定性方面表现优越。例如，LiNi$_{1/3}$Co$_{1/3}$Mn$_{1/3}$O$_2$ 空心微球循环 100 次后放电比容量为 157.3 mAh·g^{-1}（0.2 C 时），循环 200 次后放电比容量为 120.5 mAh·g^{-1}（0.5 C 时），即使在高倍率（5 C），仍保持了 114.2 mAh·g^{-1} 的高比容量。尖晶石 LiMn$_2$O$_4$ 和 LiNi$_{0.5}$Mn$_{1.5}$O$_4$ 具有 3D 锂离子通道，因此具有良好的倍率性能。例如，多孔 LiMn$_2$O$_4$ 球具有稳定的循环能力和高倍率性能，在 1 C 下循环 100 次后，比容量保持率为 94%，在 20 C 下放电比容量保持在约 83 mAh·g^{-1}；Cui 的团队合成的尖晶石 LiMn$_2$O$_4$ 纳米棒在高功率下具有较高的电荷存储能力，循环稳定性测试表明，在 100 多次循环中，比容量保持率超过 85%。由 MnCO$_3$ 前驱体制备的多孔立方

LiMn$_2$O$_4$(图 5.7)具有优异的高倍率性能和长期循环寿命，在 30 C 的高倍率下，该材料仍然可以提供 108 mAh·g^{-1} 的可逆比容量，更重要的是，在 10 C，4000 次循环后，其比容量保持率约为 80%。此外，由纳米颗粒组成的 LiNi$_{0.5}$Mn$_{1.5}$O$_4$ 空心微球/微立方体具有高比容量、良好的循环稳定性和优异的倍率性能，在 0.1 C 时，这些结构可以提供约 120 mAh·g^{-1} 的放电比容量，即使在 20 C 时，保留的比容量仍然是 104 mAh·g^{-1}，循环 200 次后，在 2 C 条件下，比容量保持率可达 96.6%。由 MnC$_2$O$_4$ 前驱体制备的有序 $P4_332$ 相的 LiNi$_{0.5}$Mn$_{1.5}$O$_4$ 多孔纳米棒，在倍率分别为 1 C 和 20 C 时，可逆比容量分别为 140 mAh·g^{-1} 和 109 mAh·g^{-1}，甚至在 5C 下循环 500 次后，比容量保持率仍为 91%，这一优异的性能归功于多孔一维纳米结构，它可以适应循环过程中的应变弛豫，并沿限制尺寸提供较短的锂离子扩散距离。

图 5.7　多孔 LiMn$_2$O$_4$ 的 SEM 图(a)、TEM 图(b)、倍率性能(c)和 10C 倍率下的深循环性能(d)

由多种前驱体制备得到的其他阴极材料(如 V$_2$O$_5$)也有相关研究。例如，Lou 等报道了具有良好循环能力和优良倍率能力的 3D 多孔 V$_2$O$_5$ 分级微球，在 100 次循环后，在 0.5C 下保持了 130 mAh·g^{-1} 的稳定比容量；即使在 30C，可以得到 105 mAh·g^{-1} 的比容量。值得注意的是，碳质材料和 TiO$_2$ 涂层、多孔材料表面掺杂尖晶石相或使用功能添加剂等，往往用来制备具有改善电化学性能的分级多孔微/纳米材料。例如，Wang 等在碳纳米管(CNTs)骨架上合成了碳包覆的 α-Fe_2O_3 空心纳米角，这种独特的杂化结构具有增强电子输运和防止团聚的特点，在电流密度为 500 $mA \cdot g^{-1}$ 时，循环 100 次后具有 800 $mAh \cdot g^{-1}$ 的稳定比容量，即使在 1000～3000 $mA \cdot g^{-1}$ 的高电流密度，仍保持比容量为 420～500 $mAh \cdot g^{-1}$。建立在 Mn_2O_3 多孔纳米立方体上的 Mn_2O_3@TiO_2 表现出优越的充放电性能，在 6000 $mA \cdot g^{-1}$ 时，其可逆比容量为 263 $mAh \cdot g^{-1}$，而未改性的 Mn_2O_3 的值仅为 9.7 $mAh \cdot g^{-1}$。此外，在电解液中使用添加剂是提高电极材料电化学性能的最有效方法之一，因为原位形成了均匀的界面膜，隔离了电解液和电极之间的直接接触，防止了金属离子溶解。因此，必须发展一种混合方法才能进一步改善这些分级多孔微/纳米结构材料的电化学性能。

5.3　结　　论

本章介绍了几种具有代表性的前驱体，如金属氢氧化物、金属碳酸盐、金属氢氧化物碳酸盐和 MOF，其通过保持前驱体形貌的转化方法可以制备出分级多孔微/纳米结构材料。

分级多孔微/纳米结构材料具有由纳米单元构成的微或亚微结构的独特特征，同时具有分级微/纳米结构和多孔结构的优点，如高比表面积、多孔性、离子/电子扩散途径短等。当这些材料用于锂离子电池时，可以避免电化学循环过程中的团聚，并可将界面接触电阻降至最低。纳米化单元可以增强 Li^+ 扩散，缓解内部应力，从而提高电极容量和倍率性能。此外，材料的孔隙率可以增加电极材料与电解质之间的接触面积，从而促进 Li^+ 的扩散。孔隙率还可以缓解锂嵌入/脱出过程中体积变化引起的应力，从而获得良好的长期循环性能。

5.4　问　　题

1. 什么是分级多孔微/纳米结构？
2. 分级多孔微/纳米结构的前驱体制备技术有哪些分类？
3. 分级多孔微/纳米结构的前驱体制备技术的机理是什么？
4. 分级多孔微/纳米结构用于锂离子电池正负电极的优缺点是什么？

参 考 文 献

Chen L., Su Y., Chen S., Li N., Bao L., Li W., Wang Z., Wang M., and Wu F. *Adv. Mater.*, **26**, 6756

(2014).

Chen M., Zhang Y. G., Xing L. D., Qiu Y. C., Yang S. H., and Li W. S. Adv. Mater., **29**(48), 1607015(2017).

Fei J. B., Cui Y., Yan X. H., Qi W., Yang Y., Wang K. W., He Q., and Li J. B. *Adv. Mater.*, **20**, 452(2008).

Jiang X., Wang Y., Herricks T., and Xia Y. J. *Mater. Chem.*, **14**, 695(2004).

Li J., Fan H., and Jia X. *J. Phys. Chem. C*, **114**, 14684(2010).

Lin H. B., Hu J. N., Rong H. B., Zhang Y. M., Mai S. W., Xing L. D., Xu M. Q., Li X. P., and Li W. S. *J. Mater. Chem.* A, **2**, 9272(2014a).

Lin H. B., Rong H. B., Huang W. Z., Liao Y. H., Xing L. D., Xu M. Q., Li X. P., and Li W. S.. *J. Mater. Chem.* A, **2**, 14189(2014b)

Wang X., Wu X. L., Guo Y.-G., Zhong Y., Cao X., Ma Y., and Yao J. *Adv. Funct. Mater.*, **20**, 1680(2010).

Yu L., Guan B., Xiao W., and Lou X. W. *Adv. Energy Mater.*, **5**, 1500981(2015).

Zhang G., Yu L., Wu H. B., Hoster H. E., and Lou X. W. *Adv. Mater.*, **24**, 4609(2012).

第6章　钙钛矿太阳电池

自 2009 年以来，有机-无机混合卤化钙钛矿太阳电池（organic-inorganic hybrid perovskite solar cells，OIH-PSCs）因其功率转换效率（PCE）的快速提高而备受关注。据报道，其最高 PCE 已接近单晶硅太阳电池。对于这种新型太阳电池在如此短的时间内表现出与传统商用太阳电池相当的性能，这是前所未有的。这一切都和独特的混合钙钛矿材料有关[ABX$_3$：A =CH$_3$NH$_3$，HC（NH$_2$）$_2$；B =Pb，Sn；X =Cl，Br，I]，其具有良好的光电性能，包括高吸收系数、高迁移率、长平衡载流子扩散距离、低激子结合能和大极化率。

尽管 OIH-PSCs 的 PCE 非常高，但由于其离子化合物的特性以及有机组分的存在，通常其稳定性较差。尤其是有机离子的存在导致该材料的热不稳定性，原因是这些离子可能在高湿度和高温下易于分解。为了克服这个问题，用无机离子（如 Cs$^+$，Rb$^+$等）取代有机离子来制备无机钙钛矿（inorganic perovskites，I-PVKs）应该是一种可预见的策略。令人鼓舞的是，许多先前制备的 I-PVKs（CsSnI$_3$、CsPbI$_3$、CsPbBr$_3$ 等）可以很容易地通过溶液法合成，而且已被证实与有机 PVKs 具有类似的光电性质。与有机物相比，这些 I-PVKs 的稳定性（主要包括光稳定性、热稳定性和电子束稳定性）明显提高。由于具有良好的稳定性和光电特性，I-PVKs 作为钙钛矿太阳电池中的替代光吸收器得到了越来越多的研究，而 PCE 也在过去几年中逐渐增加。2012 年，首次报道了使用基于 CsSnI$_3$ 的肖特基结构的无机钙钛矿太阳电池（inorganic perovskite solar cells，I-PSCs），其 PCE 仅为 0.88%。2014 年，首次构建了基于 PSCs 通用器件结构的 I-PVKs，该器件还使用 CsSnI$_3$ 作为光吸收体，获得了 2.02%的 PCE。虽然电池效率还比较低，但锡基钙钛矿太阳电池的优势主要在于其低毒性。不久之后，开发了更稳定的 CsPbX$_3$（X=Cl、Br 和 I）PVKs，短期内将 PCE 极大地提升至10%以上。到目前为止，通过 Bi 掺杂的 CsPbI$_3$ 实现了高达 13.21%的 PCE。同时，还从理论上预测和合成了许多其他适用于光子晶体的 I-PVKs。因此，在过去几年中，I-PSCs 的材料和器件都取得了巨大的进展。本章将通过一些案例研究重点介绍 I-PVKs 在太阳电池中的应用。

6.1　太阳电池的工作原理和参数表征

光在异质半导体之间或半导体的不同部分与半导体界面之间造成电位差，由于准费米能级的不同，会产生内置电场。一旦光线入射，产生的空穴和电子在内置电场的作用下会向相反的方向漂移，空穴会向正方向移动，电子会向负方向移动，从而在两个电极之间形成电位差，然后形成光电流。如图 6.1 所示，电子选择层通常为 n 型半导体材料，对电子具有较高传输率、对空穴具有较低传输率。同样地，空穴选择层一般是对空穴具有较高传输率的 p 型半导体材料。从能带的角度来看，电子注入空穴传输层的能垒较高，从而阻挡了电子跃迁，同样地，空穴注入电子传输层的势垒也较高。正是器件内部每种材料之间形成的能级梯度和内置电场，确保了电子和空穴沿着各自的传输路径进入外部电路。

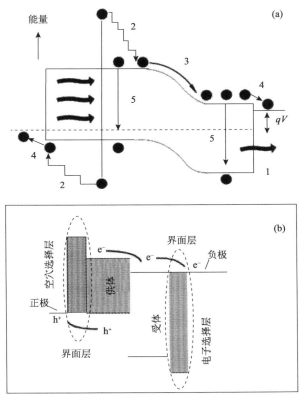

图 6.1 半导体(a)和太阳电池器件(b)中光生载流子能带模型的结构图

1. 吸收光子；2. 产生激子；3. 收集载流子；4. 形成闭合回路；5. 载流子复合；qV. 势垒高度

太阳电池的性能通常由 J-V 曲线表征(图 6.2)。J-V 曲线是在模拟太阳光照射下向太阳能设备添加连续变化的偏置电压以测量其电流密度而得到的。通过该曲线可获得与功率转换效率(PCE)有关的几个重要参数，如开路电压(V_{oc})、短路电流(J_{sc})、填充因子(FF)、入射光功率(P_{in})和最大功率(P_{max})。这些参数之间的关系如下：

$$\text{FF} = P_{\max}/J_{\text{sc}} \cdot V_{\text{oc}} \tag{6-1}$$

$$\text{PCE} = P_{\max}/P_{\text{in}} = \text{FF} \cdot J_{\text{sc}} \cdot (V_{\text{oc}}/P_{\text{in}}) \cdot 100\% \tag{6-2}$$

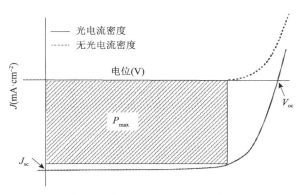

图 6.2　太阳电池的典型 J-V 曲线

J_{sc} 与材料的带隙密切相关，带隙越小，材料的吸收光谱就能更大程度地覆盖太阳光谱，从而使更多的光子转换为电能；V_{oc} 在很大程度上由 n 和 p 材料之间的带隙决定；FF 反映了器件二极管的理想程度，它受器件的串并联电阻影响较大；$P_{\max}$ 是第四象限内功率的最大值，代表电池的实际工作状态，它与入射光功率的比率是电池的能量转换效率，也是太阳电池最关注的参数。

6.2　I-PVKs 的晶体结构

I-PVKs 的晶体结构产生于 BX_6 正八面体以共顶点的连接方式在空间重复以及 A 离子填充由此形成的空位，其基本形式为 $AB^{2+}X_3$（1-1-3），包括 $CsSnI_3$、$CsPbI_3$、$CsPbBr_3$ 等典型化合物[图 6.3（a）]。除了 $AB^{2+}X_3$ 结构形式，一些衍生结构也被广泛研究，如 $A_2B^{4+}X_6$（2-1-6）、$A_3B_2^{3+}X_9$（3-2-9）和 $A_2B^{1+}B^{3+}X_6$（2-1-1-6），如图 6.3（b）所示。$A_2B^{4+}X_6$ 结构可以看作是由 $AB^{2+}X_3$ PVKs 衍生出来的，$AB^{2+}X_3$ 结构中以棋盘格法去掉了一半的 B 位阳离子，在这种结构中 B 位阳离子为+4 氧化状态，以满足电中性要求，此类化合物的典型代表有 Cs_2SnI_6、Cs_2PbBr_6、Cs_2PbI_6 等。$A_3B_2^{3+}X_9$ 结构可以想象是由 $AB^{2+}X_3$ PVKs 衍生出来的，把在顶部的三个 B 位阳离子中去掉一个，典型化合物有 $Cs_3Sb_2I_9$、$Rb_3Sb_2I_9$、$Cs_3Bi_2I_9$ 等，为了保持电荷的中性，B 位阳离子处于+3 氧化状态。$A_2B^{1+}B^{3+}X_6$ 结构可以理解为具有双单元格的立方钙钛矿，其中顶部每一对相邻的 B^{2+} 被一个 B^{1+} 和一个 B^{3+} 取代，典型的化合物有 $Cs_2BiAgCl_6$、$Cs_2BiAgBr_6$ 等。

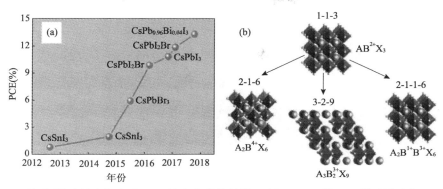

图 6.3　无机钙钛矿的太阳电池 PCE 演变和晶体结构：(a) I-PVKs 的 PCE 演变和 (b) I-PVKs 的
　　　　代表性晶体结构

6.3　铅基无机钙钛矿

6.3.1　CsPbI₃ 钙钛矿太阳电池

$CsPbI_3$ 是一种 I-PVKs，通常用铯取代 $MAPbI_3$ 中的有机阳离子而形成。$CsPbI_3$ 很少被报道为 PSCs 中的光吸收体，因为它在室温下通常表现出黄色的非钙钛矿相，而所需的带隙为 1.73eV 的黑色立方 PVKs 相在室温和环境条件下不稳定。Eperon 等首次在 PSCs 中应用黑色 α-CsPbI₃，因为他们发现，当在无空气的大气中处理时，黑色 α-CsPbI₃ 在其黑色相中是稳定的。此外，他们发现，通过在 $CsPbI_3$ 前驱体溶液中添加少量 HI，黄色相到黑色相的转变温度可以降低到 100℃，这使得器件能够在低温下加工[图 6.4 (a，b)]。HI 在低温下获得稳定的黑色相方面的作用被认为是形成了较小的晶体，由于晶格应变的产生，这些晶体往往在低温下发生诱导相变。黑色 α-CsPbI₃ 已应用于基于三种不同的器件结构的 PSCs 中，包括常规平面结构、介孔结构和倒置平面结构[图 6.4 (c)]，其 PCE 分别为 2.9%、1.3% 和 1.7%[图 6.4 (d)]。与中孔结构相比，常规平面结构 PSCs 具有更高的 PCE 是由于电子和空穴在 α-CsPbI₃ 中可能有合适的扩散长度，并且 α-CsPbI₃ 中的载流子传输可能优于 TiO_2 载体中的载流子传输。此外，观察到基于非铁电材料且不包含有机极性分子的 $CsPbI_3$ 的 PSCs 中存在较大的 J-V 迟滞现象，表明铁电性不是 PSCs 中产生 J-V 迟滞现象的原因。

如上所述，降低 $CsPbI_3$ 的晶体尺寸可以诱导晶格应变产生部分稳定 α-CsPbI₃ 相。为了进一步稳定 α-CsPbI₃ 相，Swarnkar 等利用一种新的萃取溶剂乙酸甲酯（MeOAc）对铅基 $CsPbBr_3$ 以及合成 $CsPbI_3$ 纳米晶进行纯化，探索利用表面改性的方法进一步稳定 α-CsPbI₃ 相。这种反溶剂去除了未反应的前驱体却没有引起团

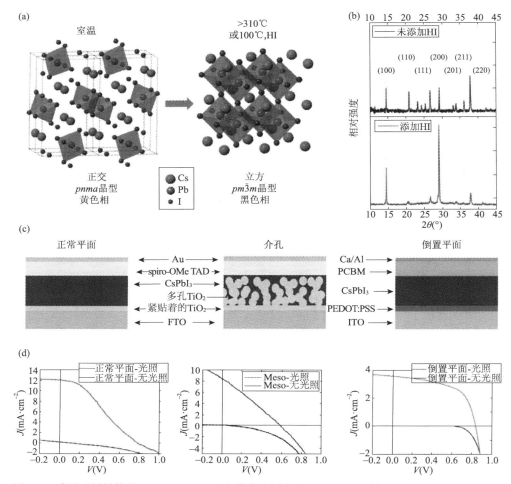

图 6.4　采用不同结构的 CsPbI₃ PSCs：(a) 黄色和黑色相 CsPbI₃ 的晶体结构；(b) 未添加 HI 和添加 HI 的溶液中沉积的 CsPbI₃ 薄膜的 XRD 图谱；(c) 不同晶胞结构的示意图；(d) 基于不同晶胞结构的 CsPbI₃ PSCs 的 J-V 曲线

聚，可能是由于量子点分离时没有完全去除表面物质，使得纳米晶相在常规环境中能稳定存储数月。对于器件制造，将纳米晶溶液旋涂在基板上，然后浸入 MeOAc 的溶液中以去除配体，具有 FTO/c-TiO₂/CsPbI₃/spiro-MeOTAD/MoOₓ/Al 器件结构的 PSCs[图 6.5(a 和 b)]在 V_{oc} 为 1.23 V 时表现出相当高的 PCE(10.77%)[图 6.5(c)]。没过多久，Wang 等应用了增材工程来减小粒度以增加 α-CsPbI₃ 稳定相。另外，在 CsPbI₃ 前驱体溶液中加入少量(质量分数为 1.5%)的磺基甜菜碱两性离子，由于两性离子与离子和胶体的静电相互作用，可以获得平均尺寸为 30nm 的 CsPbI₃ 小晶粒[图 6.5(d，e)]，这有助于扩大晶粒表面积以稳定

α-CsPbI$_3$ 相。通过进一步掺入 6% 的 Cl$^-$，得到 ITO/PTAA$_2$/CsPb(I$_{0.98}$Cl$_{0.02}$)$_3$/PCBM/C$_{60}$/BCP/金属的 PSCs 达到 11.4% 的 PCE。

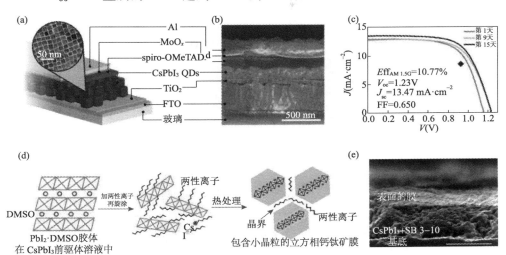

图 6.5　晶粒尺寸工程稳定的 α-CsPbI$_3$ 相：(a, b) 基于 CsPbI$_3$ 量子点层的 PSCs 结构和 (c) 基于 CsPbI$_3$ 量子点的 PSCs 在不同存储期后的 J-V 曲线；(d) 两性离子稳定 α-CsPbI$_3$ 的机理；(e) 具有 SB3-10 两性离子的 CsPbI$_3$ 薄膜的横截面 SEM 图像

除了晶粒尺寸工程外，还可利用掺杂工程来稳定 α-CsPbI$_3$。通过在 CsPbI$_3$ 中加入少量乙二胺（ethylenediamine，EDA）阳离子，研究人员成功地避免了 δ 相的形成[图 6.6(a)]。α-CsPbI$_3$ 相可以在室温下保存数月，在 100℃ 下可以保存 150 h 以上[图 6.6(b)]。FTO/c-TiO$_2$/CsPbI$_3$·0.025EDAPbI$_4$/spiro-MeOTAD/Ag 的 PSCs 显示出 11.8% 的 PCE，而且重复性高[图 6.6(c)]。除有机离子外，研究人员还用 Bi^{3+} 掺杂 CsPbI$_3$，这有助于在室温下进一步稳定 α 相。通过 Bi 掺杂提高了 α-CsPbI$_3$ 的稳定性，有以下几个原因：首先，Bi^{3+} 的半径比 Pb^{2+} 的半径小，因此 α-CsPb$_{1-x}$Bi$_x$I$_3$ 的容限因子(0.84)比 α-CsPbI$_3$(0.81)大；其次，Bi 掺杂显著增加了晶体结构中的微应变，从而导致立方结构中的轻微畸变，如前所述，观察到晶格应变可诱导晶体相变并改变材料的相图。因此，微应变的存在可能有助于 α-CsPb$_{1-x}$Bi$_x$I$_3$ 的长期相位稳定性[图 6.6(d)]；此外，Bi^{3+} 的加入很好地减小了晶粒尺寸，这也有利于稳定 α-CsPbI$_3$。除了稳定性问题外，Bi^{3+} 掺杂使带隙在 4mol%（摩尔分数）时从 1.73 eV 缩小到 1.56 eV，并将光吸收范围扩大到 795nm[图 6.6(f)]，另外，Bi 掺杂 CsPbI$_3$ 使晶体陷阱和缺陷变少。利用 TiO$_2$ 致密层(c-TiO$_2$)和 CuI 分别作为 ETL 和 HTL，全无机 PSCs 在 Bi^{3+} 浓度为 4 mol%[图 6.6(e)]时 PCE 为 13.21%，并且稳定性得到显著提高。

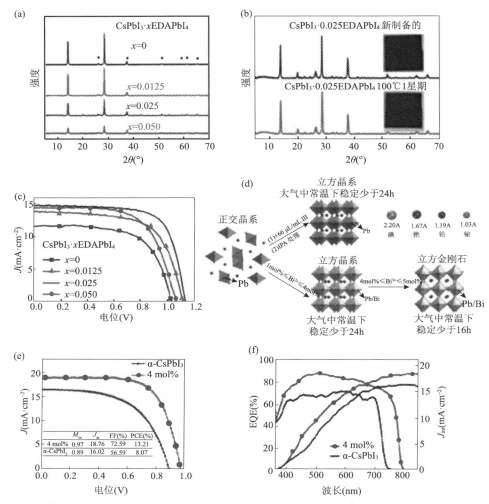

图 6.6　掺杂稳定的 α-CsPbI₃ 相：(a) 含有不同量 EDAPbI₄ 的 CsPbI₃ 薄膜的 XRD 图谱；(b) 在 100 ℃ 下储存 1 周前后 CsPbI₃·0.025EDAPbI₄ 薄膜的 XRD 图谱；以及 (c) 基于含有不同量 EDAPbI₄ 的 CsPbI₃ 薄膜的 PSCs 的 J-V 曲线；(d) HI/IPA 处理和 Bi 掺杂策略引起的晶体结构变化的示意图；(e) J-V 曲线和 (f) 基于 CsPbI₃ 和 Bi 掺杂 CsPbI₃ 的 PSCs 的 IPCE 光谱

6.3.2　CsPbBr₃ 钙钛矿太阳电池

通过用 Br⁻ 取代 I⁻，可以获得 CsPbBr₃，并且与 MAPbX₃ 系列的 PVKs 类似，CsPbBr₃ 的带隙相对于 CsPbI₃（1.73 eV）增加到 2.3 eV。正交相 CsPbBr₃ 在室温下是稳定的，因此在 PSCs 中首次利用 CsPbBr₃ 证明 CsPbX₃ 具有 PVKs 特

性。在 M. Kulbak 等报道的工作中，通过两步顺序法制备了 CsPbBr$_3$ 层，其中首先通过旋涂沉积 PbBr$_2$ 层，然后在 CsBr 甲醇溶液中进行化学转化得到 CsPbBr$_3$ 层。制作具有 FTO/m-TiO$_2$/CsPbBr$_3$/HTL/Au 器件结构的 PSCs[图 6.7(a)]并对其进行评估，发现用 spiro MeOTAD、PTAA 和 CBP 作为空穴传输材料分别组装而成的 PSCs 的 PCE 分别为 4.77%～4.98%、5.72%～5.95%、4.09%～4.72%，这些 PCE 均与基于 MAPbBr$_3$ 的 PSCs[图 6.7(b)]相当。此外，不含空穴传输材料的 PSCs 的 PCE 相对较高，为 5.32%～5.47%，这表明 CsPbBr$_3$ 的空穴电导率较高，这也与 MAPbBr$_3$ 相似。除了类似的光伏响应外，CsPbBr$_3$ 表现出明显高于 MAPbBr$_3$ 的稳定性，尤其是热稳定性[图 6.7(c)]，导致 CsPbBr$_3$ 电池的器件稳定性高于 MAPbBr$_3$ 电池[图 6.7(d)]。对电子束感应电流(electron-beam-induced current，EBIC)的分析表明，CsPbBr$_3$ 是稳定的，但 MAPbBr$_3$ 在多次扫描期间处于劣化状态[图 6.7(e)]；电子束感应电流使用电子束作为能量来源等效于光在结区中生成电子-空穴对。总之，与 MAPbBr$_3$ 相比，CsPbBr$_3$ 具有相对较高的单相降解温度，所以 CsPbBr$_3$ PSCs 不太容易像 MAPbBr$_3$ PSCs 那样发生环境降解。

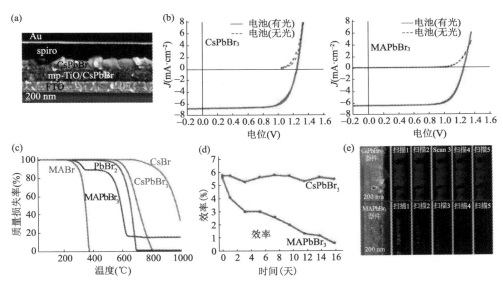

图 6.7 CsPbBr$_3$ 和 MAPbBr$_3$ PSCs 的性能比较：(a) CsPbBr$_3$ PSCs 的横截面 SEM 图像；(b) CsPbBr$_3$ 和 MAPbBr$_3$ PSCs 的 J-V 曲线；(c) 不同 PVKs 材料的热重分析；(d) CsPbBr$_3$ 和 MAPbBr$_3$ PSCs 的 PCE 随时间的变化曲线；(e) CsPbBr$_3$ 和 MAPbBr$_3$ PSCs 横截面的重复序列 EBIC 响应

胶体半导体纳米晶(NCs)用于构建光电器件极具吸引力，因为溶液处理工艺为调节纳米晶的光学和电学特性提供了一个强有力的方法。然而，将纳米晶溶液转化为保持其特性的高质纳米晶膜仍然是一个挑战，因为具有长烷基链的配体和溶剂不利于致密膜的生成，并在纳米晶周围形成绝缘层。为了解决这个问题，Akkerman 等报道了一种新的能够大规模生产的方法，通过使用短、低沸点配体[丙酸(PrAc)和丁胺(BuAm)]和环境友好溶剂[异丙醇(IPrOH)和己烷(hexane，HEX)]来合成 $CsPbBr_3$ 纳米晶[图 6.8(a，b)]，纳米晶溶液表现出 58%±6%的光致发光量子产率(photoluminescence quantum yield，PLQY)。虽然这个产率低于由长烷基链合成的光致发光量子产率，但是从这些纳米晶沉积的薄膜的 PLQY(35%±4%)高于从长烷基链沉积的不导电薄膜的 PLQY(约 30%)。此外，检测到一个低至 1.5 $\mu J \cdot cm^{-2}$ 的放大自发辐射(amplified spontaneous emission，ASE)阈值，这是 $CsPbBr_3$ 纳米晶和 PVKs 薄膜的最低值。在所有类型的无机纳米材料中，包括激光器件中常用的无机纳米材料，这种 ASE 阈值也处于最低水平。通过采用 $FTO/c\text{-}TiO_2/CsPbBr_3/spiro\text{-}MeOTAD/Au$ 的典型器件结构，将纳米晶膜应用于 PSCs 中[图 6.8(c)]。通过调整旋涂周期，优化膜厚度后，PSCs 的 PCE 为 5.4%，V_{oc} 高达 1.5V[图 6.8(d)]。这种 V_{oc} 是 Cs 基 PSCs 的最高值，预计可通过设计电荷分离层进一步增加。

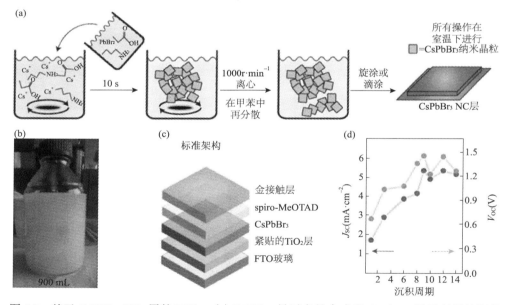

图 6.8　基于 $CsPbBr_3$ QDs 层的 PSCs：(a)$CsPbBr_3$ 量子点的合成和 $CsPbBr_3$ 量子点层的制备示意图；(b)按比例放大合成 2g $CsPbBr_3$ 量子点的照片；(c)基于 $CsPbBr_3$ 量子点层的 PSCs 的电池结构以及(d)$CsPbBr_3$ PSCs 的 J_{sc}(深绿色点)和 V_{oc}(浅绿色点)随纳米晶沉积周期数的变化曲线

尽管基于空穴传输材料(HTM)的 $CsPbBr_3$ PSCs 与对应的有机材料 PSCs 相比具有更好的稳定性，但有机 HTM 的存在仍然限制了器件的稳定性。由于 I-PVKs

与 OIH-PVKs 具有相似的光电特性,因此 I-PVKs 也可以在不使用有机 HTM 的情况下充当光采集器和空穴运输器。虽然金和碳都可以用作不含 HTM 的 PSCs 的空穴提取电极,但是,与金电极相比,碳便宜、稳定、对源自钙钛矿和金属电极的离子迁移惰性、固有的耐水性,这些对于无 HTM 的 I-PSCs 更具发展前景。Chang 等首次在不使用有机 HTM 和贵金属电极的情况下,将碳电极用作空穴分离电极。如图 6.9(a) 和(b)所示,涂覆碳糊,然后在低温下退火,将碳电极直接沉积在 CsPbBr$_3$ 层上。通过系统优化,CsPbBr$_3$ C-PSCs 的 PCE 为 5.0%,V_{oc} 为 1.29 V[图 6.9(c)]。不久之后,Liang 等报告了一项类似的工作,小面积器件[图 6.9(d)] 的 PCE 提高了 6.7%,大面积器件(1.0 cm^2)的 PCE 提高了 5.0%。这两项研究都得到一个非常相似的结果,即 CsPbBr$_3$ C-PSCs 的稳定性明显高于 MAPbI$_3$ C-PSCs,尤其是热稳定性[图 6.9(e)]。

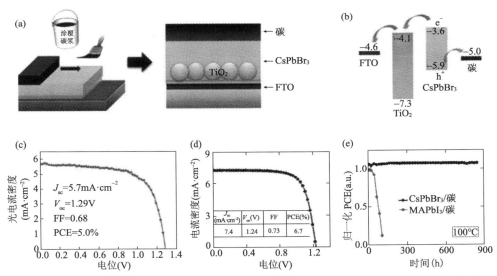

图 6.9 碳基 CsPbBr$_3$ PSCs:(a)碳沉积工艺示意图;(b)C-PSCs 的工作原理的能级示意图;(c)CsPbBr$_3$ C-PSCs 的 J-V 曲线;(d)CsPbBr$_3$ C-PSCs 的 J-V 曲线及(e)CsPbBr$_3$ 和 MAPbI$_3$ C-PSCs 在 100℃下的 PCE 随时间变化曲线

6.3.3 CsPbI$_{3-x}$Br$_x$ 钙钛矿太阳电池

以 CsPbI$_3$ 和 CsPbBr$_3$ 为光吸光剂的 PSCs 研究取得了很大的进展,但黑色 α-CsPbI$_3$ 相在室温下不稳定且 CsPbBr$_3$ 的带隙过大。用于 PSCs 的混合卤化物 CsPbI$_{3-x}$Br$_x$ 相对稳定且带隙适中,已经引起研究人员的持续关注。几乎同时,萨顿等和 R. E. Beal 等研究了 x 在 0 到 3 之间的 CsPbI$_{3-x}$Br$_x$ 材料,结果表明,随着 x 值的增加,带隙减小[图 6.10(a,b)]。重要的是,溴离子部分取代碘离子有助于在室温下形成稳定的 PVKs 相。因此带隙约为 1.9 eV 的稳定的 CsPbI$_{3-x}$Br$_x$ 在串联光伏应用中具有很大的潜力。这两项工作都比较了 CsPbI$_2$Br 与有机物的稳定性，都表明 CsPbI$_2$Br 在高温（85～180℃）下的耐受时间比 MAPbX$_3$ 长。器件结构为 ITO/PEDOT：PSS/CsPbI$_2$Br/PCBM/BCP/Al 的 PSCs 的 PCE 为 6.8%，V_{oc} 为 1.12V，J_{sc} 为 10.9 mA·cm^{-2}，而结构为 FTO/c-TiO$_2$/CsPbI$_2$Br/spiro-OMeTAD/Ag 的 PSCs 表现出更高的性能（PCE=9.8%，V_{oc}=1.11 V，J_{sc}=11.89 mA·cm^{-2}）。正如预期，CsPbI$_2$Br PSCs 具有很好的性能，已经引起了越来越多的关注。

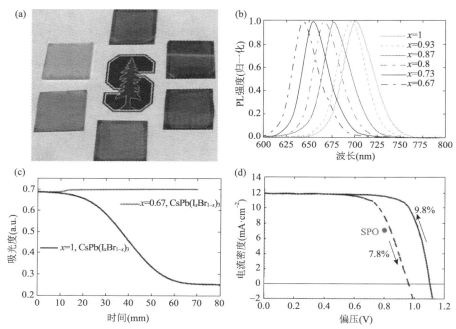

图 6.10　CsPbI$_{3-x}$Br$_x$ PSCs：（a）CsPbI$_{3-x}$Br$_x$ 胶片的照片；（b）具有不同 x 值的 CsPb（I$_x$Br$_{1-x}$）$_3$ 膜的 PL 谱；（c）CsPbI$_3$ 和 CsPbI$_2$Br 膜的吸光度随时间的变化曲线以及（d）基于 CsPbI$_2$Br 膜的 PSCs 的 J-V 曲线

　　具有良好稳定性和光电性能的 CsPbI$_{3-x}$Br$_x$ 薄膜受到了广泛关注。研究人员开发了许多方法用于制备钙钛矿太阳电池的 CsPbI$_{3-x}$Br$_x$ 薄膜，为了解决溴离子在二甲基甲酰胺或二甲基亚砜中的溶解度太低，无法沉积大膜厚的 CsPbI$_{3-x}$Br$_x$ 薄膜的问题，开发出热蒸发重要方法[图 6.11（a）]，利用该方法已能够制备出相对高质量的 CsPbIBr$_2$。Ma 等首先采用热蒸发法制备了用于 PSCs 的 CsPbBr$_2$ 薄膜，将相同摩尔量的 CsI 和 PbBr$_2$ 蒸发到不同温度的基底上，然后在不同温度下进行后退火；当基底和退火温度分别设置为 75℃和 250℃时，获得了尺寸为 500～1000 nm 的

CsPbIBr$_2$ 晶体[图 6.11(b)]。通过将金电极直接沉积在 CsPbIBr$_2$ 膜上制备无 HTL 的多孔硅，反向和正向扫描的 PCE 分别为 4.7% 和 3.7%[图 6.11(c)]。

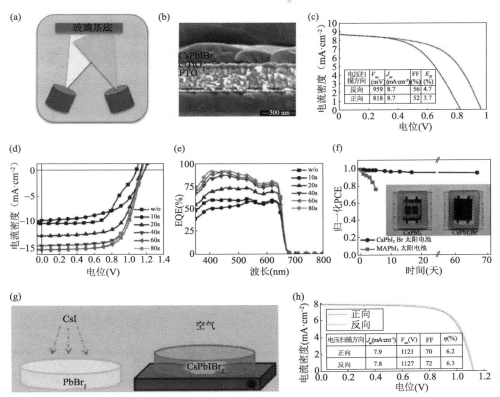

图 6.11　CsPbI$_{3-x}$Br$_x$ 薄膜的不同沉积方法：(a) 蒸气蒸发过程示意图；(b) 通过蒸气过程沉积的 CsPbIBr$_2$ 膜的 SEM 图像，以及 (c) 基于 CsPbIBr$_2$ 膜的无 HTL 多孔硅的 J-V 曲线；(d) J-V 曲线和 (e) IPCE 光谱，以及 (f) MAPbI$_3$ 和 CsPbI$_2$Br PSCs 归一化 PCE 随时间的变化，插图是储存两周后 CsPbI$_3$ 和 CsPbI$_2$Br PSCs 的照片；(g) PbBr$_2$ 转换为 CsPbIBr$_2$ 的示意图和 (h) CsPbIBr$_2$ PSCs 的 J-V 曲线

　　为了精确控制 CsPbI$_{3-x}$Br$_x$ 薄膜中前驱体的化学计量比，Chen 等仔细考虑了 CsI 和 CsBr 的吸湿性，通过化学计量平衡的 PbI$_2$ 和 CsBr 成功共沉积制备出高质量的 CsPbI$_2$Br 薄膜。通过控制退火时间，可以控制晶粒尺寸，退火 60s 足以将晶粒尺寸增加到约 3μm。器件结构为 ITO/Ca/C$_{60}$/CsPbI$_2$Br/TAPC/TAPC：MoO$_3$/Ag 的 PSCs 的 PCE 为 11.8%[图 6.11(d,e)]。与之前的结果类似，真空沉积的 CsPbI$_2$Br PSCs 比 MAPbI$_3$ PSCs 表现出更好的稳定性，其储存超过 2 个月后，依然保持 96% 的 PCE 峰值[图 6.11(f)]。

　　作为一种工业技术，喷涂工艺与传统的旋涂方法相比具有明显的优势，尤其是在放大生产方面。因此，Lau 等将 CsI 层喷涂在预沉积的 $PbBr_2$ 薄膜上再进行后转换，利用喷涂工艺为 PSCs 沉积 $CsPbI_{3-x}Br_x$ 薄膜[图 6.11（g）]。在第二步的转化过程中，该工艺可以避免 $PbBr_2$ 和 $CsPbBr_2$ 薄膜在 CsI 溶液中溶解。经过系统研究喷涂过程中基板温度和退火后温度对 PVKs 质量的影响，制备出 $FTO/m\text{-}TiO_2/CsPbIBr_2/spiro\text{-}MeOTAD/Au$ 结构的器件，其最高的 PCE（6.3%）[图 6.11（h）]。

除了沉积方法外，还利用掺杂方法来改变 $CsPbI_{3-x}Br_x$ 的光电特性。通过用 K^+ 部分取代 Cs^+，Nam 等在不影响光吸收范围的情况下成功地提高了 $Cs_{1-x}K_xPbI_2Br$ 中的电子寿命，这有助于将结构为 $FFTO/c\text{-}TiO_2/Cs_{1-x}K_xPbI_2Br/spiro\text{-}OMeTAD/Au$ 的器件的 PCE 提升到约 10%，此外，器件在环境大气中的稳定性也得到了提高。Lau 等将少量 Sr^{3+} 引入 $CsPbI_2Br$ 中，以形成 $CsPb_{1-x}Sr_xI_2Br$ PVKs。由于钙钛矿薄膜的表面富含锶，它对薄膜中的缺陷起到钝化作用，致使电荷复合被抑制，电子寿命增加了，这显著地将 $FTO/mp\text{-}TiO_2/CsPb_{1-x}Sr_xI_2Br/P3HT/Au$ 器件的PCE从7.7%提高到11.2%。Liang 等用 Sn^{2+} 部分取代了 $CsPbIBr_2$ 中的 Pb^{2+}。$CsPb_{0.9}Sn_{0.1}IBr_2$ 的带隙为 1.79eV，利用它组装而成的具有 $FTO/m\text{-}TiO_2/CsPb_{0.9}Sn_{0.1}IBr_2/C$ 结构的 C-PSCs 获得了 11.33%的 PCE，同时表现出优异的稳定性。

组成为 $CsPbBr_xI_{3-x}$ 的卤化物合金材料的形成显示出相当高的相稳定性，并实现了良好的器件性能。与有机物一样，在 $CsPbI_{3-x}Br_x$ 中也观察到光诱导脱合金现象。Niezgoda 等研究了卤化物脱合金对 $CsPbI_2Br$ PSCs 性能的影响。在连续光照下，$ITO/c\text{-}TiO_2/CsPbI_2Br/spiro\text{-}MeOTAD/Ag$ 器件表现出极端的器件性能演变，FF 和 J_{sc} 随光照时间逐渐增加[图 6.12（a）]。随着性能的演变，从 XRD 和 PL 测量中发现了可逆脱合金过程[图 6.12（b）]，表明其性能改善和脱合金密切相关。进一步的研究表明，脱合金 $CsPbBrI_2$ 中的空穴变得更具流动性，这有利于向 spiro-MeOTAD 注入空穴。因此，处理后样品的 FF 和 J_{sc} 的增强应该是由电荷传输和收集的性能改善引起的。通过结合 PL、阴极荧光（cathodoluminescence，CL）和透射电子显微镜（TEM），Li 等直接探测到了 $CsPbIBr_2$ 中的相分离现象。在光和电子束的照射下，"富碘"相倾向于在晶界处形成，并在薄膜内部分离成团块[图 6.12（c，d）]。正如研究人员的假设一样，相分离将诱发高密度的移动离子的形成，这些离子沿着晶界移动并堆积在 $CsPbIBr_2/TiO_2$ 界面上，这将形成注入势垒和电子积累，从而在平面 PSCs 中诱导出较大的 J-V 滞后现象。当然，晶界处的"富碘"相也可能生成"体异质结"，这将有助于加速电荷分离和收集，并最终有利于器件性能改善。

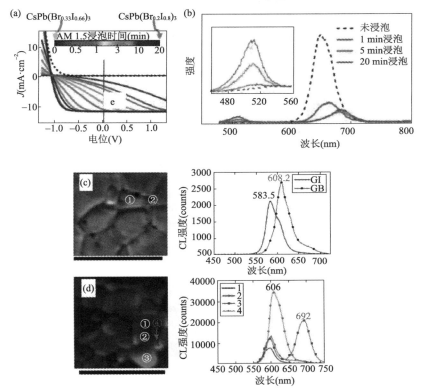

图 6.12　CsPbI$_{3-x}$Br$_x$ 中卤化物离子的迁移和分离：(a) 光照射时间对 CsPbI$_{3-x}$Br$_x$ PSCs J-V 曲线的影响以及 (b) 不同光照时间下玻璃上 CsPbI$_2$Br 薄膜的光致发光光谱；(c) 重叠 530～590 nm 和590～640 nm 不同光谱窗口的阴极荧光光谱成像图 (2 kV 加速电压) 以及区域①和②的相应阴极荧光光谱；(d) 阴极荧光光谱成像图 (加速电压为 5 kV)，具有 530～630 nm 和 630～730 nm 的不同光谱窗口以及区域①、②、③和④的相应的阴极荧光光谱。所有比例尺均为 3μm

6.4　无铅无机钙钛矿

6.4.1　CsSnI$_3$ 钙钛矿太阳电池

在 CsPbI$_3$ 中用 Sn^{2+} 取代 Pb^{2+}，得到 CsSnI$_3$，其在室温下具有两种晶型：B-γ-CsSnI$_3$[黑色正交相，图 6.13 (a)] 和 Y-CsSnI$_3$ (具有一维双链结构的黄色相)。B-γ-CsSnI$_3$ 的带隙在光伏应用中接近最优 (约 1.3 eV)，具有高光吸收系数 (约 10^4 cm^{-1}) 和低激子结合能 (约 18 meV)，这使得 CsSnI$_3$ 有希望应用于 PSCs。CsSnI$_3$ 在 450℃ 下使用真空熔融工艺被合成出来 [图 6.13 (b)]，由于 CsSnI$_3$ 在 Sn 不足的条件下具有良好的 p 型导电性，Chung 等首先将其用作 DSCs 中的固体电解质，并使用钌染料作为主要光吸收剂。虽然 CsSnI$_3$ 主要被视为空穴传输的固体电解质，但在长波长范围内具有明显增强的光谱响应，表明 CsSnI$_3$ 应该能够吸收和转换可见光以增强光电流[图 6.13(c)]。几乎同时，Chen 等展示了使用 CsSnI$_3$ 作为光吸收体的肖特基光伏器件(ITO/CsSnI$_3$/Au/Ti)，如图 6.13(d，e)所示。该器件中的 CsSnI$_3$ 层通过真空蒸发方法沉积而成，其中 CsI 和 SnCl$_2$ 的交替层依次沉积，然后在 175℃

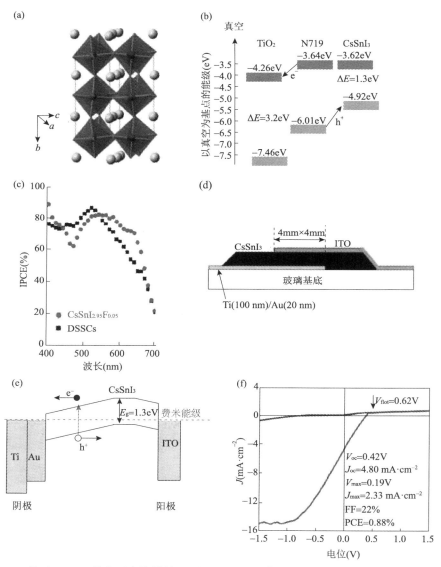

图 6.13　基于 CsSnI$_3$ 的主要光伏器件：(a)CsSnI$_3$ 的晶体结构和(b)能带结构；以及(c)基于 CsSnI$_{2.95}$F$_{0.05}$ 和 DSCs 的 IPCE 光谱；(d)基于 CsSnI$_3$ 的肖特基太阳电池的电池结构；(e)能带排列和(f)J-V 曲线

下退火，这种类型的 PSCs 的 PCE 较低，为 0.88%[图 6.13(f)]，但它适当的带隙和良好的光伏响应引起了很多研究人员的关注。

Kumar 等首次展示了使用 CsSnI$_3$ 层作为光吸收剂的 PSCs[器件结构：FTO/m-TiO$_2$/CsSnI$_3$/HTL/Au，图 6.14(a)]。CsSnI$_3$ 层是在低温(70℃)下通过一步溶液法沉积的，研究发现溶剂对 CsSnI$_3$ 层的形貌有很大影响，例如，与 DMF 和 2-甲氧基乙醇溶剂相比，DMSO 有利于 CsSnI$_3$ 层在 TiO$_2$ 载体上形成更完整的覆盖和良好的孔隙填充。与 spiro-MeOTAD 相比，4,4′,4″-三(N,N-苯基-3-甲基氨基)三苯胺(m-MTDATA)作为 HTL，由于具有更高的氧化电位，表现出更高的整体性能。由于高 Sn 空位(V_{Sn})浓度是产生高背景载流子浓度和高电荷重组的主要因素，为了解决这个问题，采用混合加入 SnF$_2$ 的方法，这有助于降低 V_{Sn} 浓度而 SnF$_2$ 不进入 CsSnI$_3$ 晶格。研究发现，加入 20%的 SnF$_2$ 就能够大大提升光伏性能，获得了 2.02%的 PCE，J_{sc} 为 22.70 mA·cm^{-2}，V_{oc} 为 0.24 V，FF 为 0.37[图 6.14(b，c)]。通过机理研究认为，该器件中没有明显的能垒，但陷阱辅助电子-空穴复合机制应该是导致低光伏性能的主要原因。

由于薄膜质量和 V_{Sn} 浓度极大地限制了 CsSnI$_3$ PSCs 的性能，Wang 等开发了一种简单的基于前驱体溶液的方法来解决这些问题。他所使用的前驱体溶液是由甲氧基乙腈、DMF 和乙腈组成的混合物，用来溶解 CsSnI$_3$ 原料，成膜后再通过改变后处理温度来控制薄膜质量和 V_{Sn}[图 6.14(d~f)]，然后组装出几个器件结构的 PSCs，再进行性能评估；研究发现，使用介孔载体(TiO$_2$ 或 Al$_2$O$_3$)的 PSCs 表现出相当低的 PCE(TiO$_2$ 约为 0%，Al$_2$O$_3$ 为 0.32%)，这可能是由载体的结晶环境受限、孔隙填充不良和低结晶度的杂质引起的。通过改善 ITO/c-TiO$_2$/CsSnI$_3$/spiro-MeOTAD/Au 的平面器件结构，性能得到很好的改善，PCE 达到 0.77%。该器件中使用的 spiro-MeOTAD 是未掺杂的，因为掺杂 spiro-MeOTAD 必须经过的氧化步骤会使 γ-CsSnI$_3$ 相退化，导致空穴导电性降低。为了解决这个问题，使用 NiO$_x$ 作为 HTL 制备出倒置平面 PSCs[图 6.14(g)]，该器件的性能得到很大的提高。对退火温度影响器件性能的研究表明，最佳温度是 150℃[图 6.14(i)]，因为尽管较高的温度可以增大结晶度以减少电荷-空穴复合，但 V_{Sn} 和薄膜粗糙度的增加将使载流子寿命减少和界面接触变差。

由于 CsSnI$_3$ 易氧化、缺陷形成能低和针孔多，CsSnI$_3$ PSCs 通常表现出低性能和差稳定性。为了解决这个问题，Marshall 等系统研究了在前驱体溶液中添加卤化锡对 CsSnI$_3$ 性能的影响。首先，他们研究了 CsSnI$_3$ 溶液中过量 SnI$_2$ 对 CsSnI$_3$ 薄膜形貌和器件的影响，与无添加的 CsSnI$_3$ 溶液相比，过量 SnI$_2$(10 mol%)的添加极大提高了 CsSnI$_3$ PSCs 的性能，这一结果说明可通过使用过量 SnI$_2$ 降低背景载流子密度，从而导致电子-空穴复合损耗减少，因为在富含锡的环境中合成 PVKs 时，V_{Sn} 缺陷的密度(即背景载流子密度的主要来源)受到抑制。此外，界面处的正真空

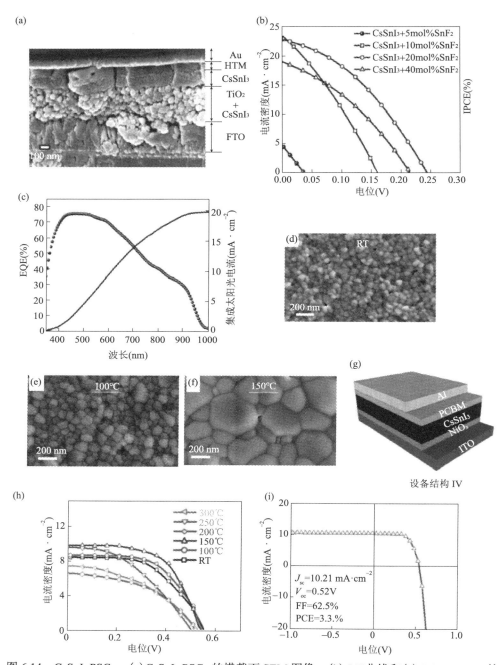

图 6.14 CsSnI₃ PSCs：（a）CsSnI₃ PSCs 的横截面 SEM 图像；（b）J-V 曲线和（c）CsSnI₃ PSCs 的 IPCE 光谱；在（d）RT、（e）100 ℃和（f）150 ℃下退火的 CsSnI₃ 薄膜的 SEM 图像；（g）CsSnI₃-PSCs 的器件结构；（h）CsSnI₃ 在不同温度下退火的 PSCs 的 J-V 曲线和（i）最佳 CsSnI₃ PSCs 的 J-V 曲线

水平位移也可能导致 V_{oc} 升高。结合使用 CuI 和 ICBA 分别作为 HTL 和 ETL，可获得 2.76%的 PCE 和 0.55 V 的 V_{oc}。

在 CsSnI$_3$ 中添加 SnBr$_2$、SnCl$_2$ 和 SnF$_2$ 也能得到很好的效果，结果表明，SnCl$_2$ 对 CsSnI$_3$ 薄膜和 PSCs 的影响最为显著。由含 SnCl$_2$ 的溶液制备的 CsSnI$_3$ 薄膜的形貌并不优于由含 SnI$_2$、SnBr$_2$ 和 SnF$_2$ 溶液制备的薄膜[图 6.15（a，b）]，因此这

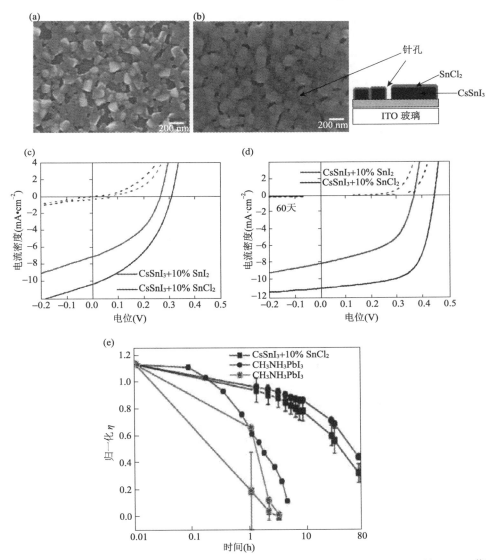

图 6.15　无 HTL 的 CsSnI$_3$ PSCs：（a）无卤化锡添加剂和（b）添加 10 mol% SnCl$_2$ 的 CsSnI$_3$ 薄膜的 SEM 图像；CsSnI$_3$ PSCs 的 J-V 曲线（c）在氮气下长时间储存之前和（d）之后；（e）在大气中 1 个太阳的恒定光照下，具有相同结构的无封装 CsSnI$_3$ 和 MAPbI$_3$ PSCs 的稳定性测试曲线

种性能增强应该不是简单用形貌改善解释。更详细的研究表明，在 CsSnI$_3$ 薄膜表面形成薄 SnCl$_2$ 层是性能增强的主要原因，SnCl$_2$ 代替 CsSnCl$_3$ 或混合卤化物 CsSnI$_{3-x}$Cl$_x$ 的形成可能是由于 Cl⁻ 和 I⁻ 之间的离子半径差异很大(Cl⁻ 为 1.81Å，I⁻ 为 2.2Å)，和/或室温下单斜 CsSnCl$_3$ 和正交 CsSnI$_3$ 的结构非常不同。在空气暴露期间，表面 SnCl$_2$ 薄层牺牲自身以形成稳定的水合物以及 SnO$_2$，从而防止底层 CsSnI$_3$ 晶体氧化。该研究进一步表明，CsSnI$_3$ 晶体表面过量的 SnCl$_2$ 倾向于适度的 n 型掺杂富勒烯层。因此，肖特基势垒的形成将抑制针孔里从富勒烯到 ITO 电极的多余电子分离。因此，ITO 暴露位置的电荷-空穴复合减少，将 CsSnI$_3$ 的 PCE 提高到 3.56%[图 6.15(c，d)]。稳定性测试充分表明，SnCl$_2$ 表面层对器件稳定性起到了积极影响，如图 6.15(e)所示。

6.4.2　CsSnBr$_3$ 钙钛矿太阳电池

与 CsPbX$_3$(X=I，Br 和 Cl)PVKs 类似，CsSnX$_3$ 的禁带宽度也取决于卤元素。通过用 Br 取代 I,CsSnX$_3$ PVKs 的带隙可以从 1.23 eV 扩大到 1.75 eV[图 6.16(a)]，这表明有希望提高 PSCs 的 V_{oc}。除了众所周知的由 V_{Sn} 减少而导致的背景载流子密度降低外，SnF$_2$ 的加入还降低了功函数，使导带和价带分别更接近于 TiO$_2$ 的导带和 spiro-MeOTAD 的价带，从而促进了界面上的电荷转移[图 6.16(b)]。Gupta 等采用一步溶液法制备了 CsSnBr$_3$，作为"n-i-p"结构 PSCs 的活性吸收材料，并选择了不同的 ETL 和 HTL 进行光伏性能研究，发现最合适的 ETL 和 HTL 分别是 m-TiO$_2$ 和 spiro-MeOTAD。深入研究了 SnF$_2$ 添加剂对薄膜性能和器件性能的影响，发现 PCE 从仅 0.01%增加到 2%以上[图 6.16(c)]，表明 SnF$_2$ 添加剂可以显著提高薄膜光伏性能。此外，SnF$_2$ 的加入很好地防止了 X 射线下 Sn 的氧化，提高了 SnF$_2$ 在惰性气氛中的稳定性。

对于 CsSnX$_3$ PVKs，Sn^{2+} 有容易被氧化为 Sn^{4+}，这将从 p 型缺陷态形成漏电子通道，降低器件的 PCE 和性能再现性。为了解决这个问题，Song 等设计了一种有效的工艺，在旋涂沉积 CsSnX$_3$ 的过程中加入还原性蒸气气氛(N$_2$H$_4$)，如图 6.16(d)所示，可能的反应路径为 $2SnI_6^{2-} + N_2H_4 \longrightarrow 2SnI_4^{2-} + N_2 + 4HI$ [图 6.16(e)]，这样可以致使 Sn^{4+}/Sn^{2+} 比率减少 20%以上，从而很好地抑制了载流子复合。CsSnI$_3$ PSCs 的 PCE 从约 0.16%提高至 1.50%，而 CsSnBr$_3$ PSCs 的 PCE 从约 2.36%提高到 2.82%，最高达到 3.04%。

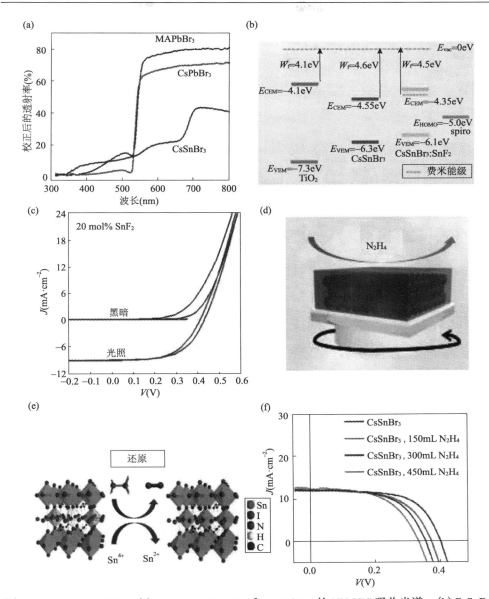

图 6.16　CsSnBr₃ PSCs：(a) CsSnBr₃、CsPbBr₃ 和 MAPbBr₃ 的 UV-VIS 吸收光谱；(b) CsSnBr₃ 和 CsSnBr₃：SnF₂ 的能带结构和 (c) 基于 CsSnBr₃:SnF₂ (20 mol%) 的 PSCs 的 J-V 曲线；(d) 用于制备 CsSnBr₃ 的还原蒸气气氛工艺；(e) 肼蒸气与 Sn 基钙钛矿材料可能的反应机理以及 (f) 没有和具有各种肼蒸气浓度的 CsSnBr₃ PSCs 的 J-V 曲线

6.4.3　CsSnI$_{3-x}$Br$_x$ 钙钛矿太阳电池

CsSnI₃ 是一种无铅卤化物 PVKs，可用作具有高光电流密度的光吸收剂，

但是它的 V_{oc} 较低，导致 PCE 受到的限制。为了解决这个问题，Sabba 等用 Br 化学掺杂 $CsSnI_3$ 来制备 $CsSnI_{3-x}Br_x$（$0 \leqslant x \leqslant 3$），用以调制 V_{oc}。随着 Br 掺杂浓度的增加，光学带隙边缘的开始从 $CsSnI_3$ 的 1.27 eV 转变为 1.37 eV（$CsSnI_2Br$）、1.65eV（$CsSnIBr_2$）和 1.75 eV（$CsSnBr_3$）[图 6.17（a，b）]，这与 $MAPbI_3$ 和 Br

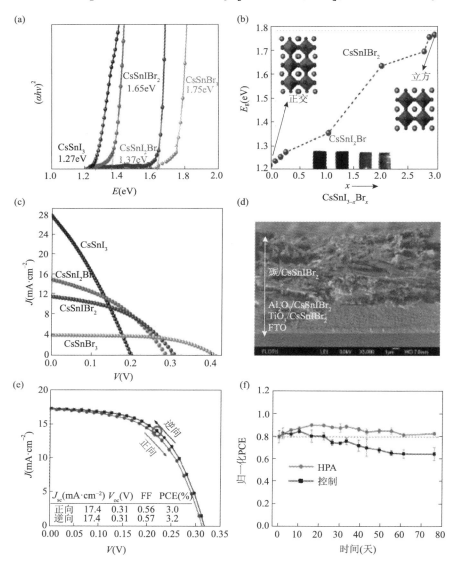

图 6.17　$CsSnI_{3-x}Br_x$ PSCs：（a）不同 x 值的 $CsSnI_{3-x}Br_x$ 的 Tauc 曲线；（b）$CsSnI_{3-x}Br_x$ 的带隙与 x 值的关系，以及（c）$CsSnI_{3-x}Br_x$ PSCs 的 J-V 曲线；（d）$CsSnI_{3-x}Br_x$ 薄膜横截面 SEM 图像；（e）基于 $CsSnIBr_2$ 的中孔 C-PSCs 的 J-V 曲线，以及（f）无添加剂和次磷酸（hypophosphorous acid，HPA）修饰的 $CsSnIBr_2$ C-PSCs 的效率随时间变化曲线

掺杂的现象相似。据此可以推断出 $CsSnI_3$、$CsSnI_2Br$、$CsSnIBr_2$ 和 $CsSnBr_3$ 的 Urbach 能量（U_o）分别为 16.8 meV、32 meV、39 meV 和 32.6 meV，表明这些材料的结构无序性较低。在掺入 Br 后检测到明显改善的 V_{oc}，归因于 V_{Sn} 的降低，反映在较低的电荷载流子密度（10^{15} cm^{-1}）和在 $CsSnI_{3-x}Br_x$ 中较高的电荷-空穴复合电阻上。在 $CsSnI_{3-x}Br_x$ 中添加 SnF_2（20 mol%），进一步抑制 V_{Sn}，导致载流子密度进一步降低和电荷复合进一步减少，器件性能显著提高，尤其是在电流密度方面，$CsSnI_{2.9}Br_{0.1}$ PSCs 的 PCE 最高，为 1.76%[图 6.17（c）]。

为了获得稳定的 PVKs 相并减少 V_{Sn} 引起的体复合，Li 等在 $CsSnIBr_2$ 前驱体溶液中引入 HPA。HPA 添加剂不仅作为络合剂促进成核过程，而且显著降低了 $CsSnIBr_2$ 薄膜中的载流子迁移率和电荷载流子密度。当应用于 PSCs 时，通过将 $CsSnIBr_2$ 前驱体溶液滴入多层介孔层（$TiO_2/Al_2O_3/C$）构建 C-PSCs（无 HTL 的 PSCs），前驱体溶液在介孔层中的渗透形成最终的 C-PSCs[图 6.17（d）]。与来自无添加剂前驱体溶液的 $CsSnIBr_2$ 薄膜相比，HPA 诱导的 $CsSnIBr_2$ 薄膜显著提高了 C-PSCs 的 V_{oc} 和 FF，将 PCE 大幅提高到 3.2%[图 6.17（e）]。此外，HPA 添加剂和碳电极的协同作用使 $CsSnIBr_2$ C-PSCs 具有相当高的稳定性。也就是说，77 天后归一化 PCE 几乎不衰减[图 6.17（f）]，并且在 473 K 下连续功率输出 9 h 后，器件依然保持了初始 PCE 的 98%。

6.4.4　$CsGeI_3$ 钙钛矿太阳电池

$CsGeX_3$ 也是用于 PSCs 的有潜力的光吸收材料。理论计算表明，卤化锗 PVKs 的吸收系数高，吸收光谱和载流子输运性质与铅类 PVKs 相似。$CsGeX_3$ 的带隙依赖于卤离子，$CsGeCl_3$、$CsGeBr_3$ 和 $CsGeI_3$ 的带隙分别约为 3.67 eV、2.32 eV 和 1.53 eV[图 6.18（a，b）]。1.53 eV 的带隙使 $CsGeI_3$ 成为一种有潜力的光吸收材料，Ge^{2+} 容易氧化为 Ge^{4+}，基于 $CsGeI_3$ 的 PSCs 的成功报道还很少。T. Krishnamoorthy 等首次报道了基于 $CsGeI_3$ 的 PSCs，表面光滑的 $CsGeI_3$ 薄膜以 DMF 为前驱体溶液制备而成，再结合以 m-TiO_2 和 spiro-MeOTAD 为 ETL 和 HTL，组装成为常规结构器件[图 6.18（c）]，这种 $CsGeI_3$ PSCs 的 J_{sc} 为 5.7 mA·cm^{-2}，如图 6.18（d）所示，比原始的锡基 PVKs 的 J_{sc} 高得多。然而，该器件的 V_{oc} 很低，可能是由于在薄膜合成和器件制作过程中，Ge^{2+} 被氧化成了 Ge^{4+}。此外，$CsGeI_3$ 容易被氧化也大大限制了器件的稳定性，甚至使得器件不可能在空气中进行光伏测试。

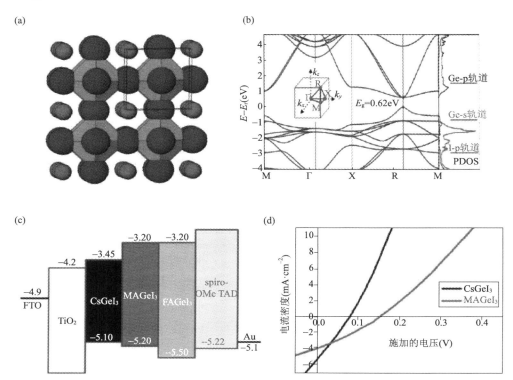

图 6.18　CsGeI$_3$ PSCs：(a) CsGeI$_3$ 晶体结构；(b) 立方 CsGeI$_3$ 的计算能带结构和投影态密度；(c) TiO$_2$、spiro-OMe TAD、CsGeI$_3$、MAGeI$_3$ 和 FAGeI$_3$ 的能级示意图以及 (d) CsGeI$_3$ 和 MAGeI$_3$ PSCs 的 J-V 曲线

6.5　钙钛矿衍生材料

6.5.1　锡基钙钛矿

Sn^{2+} 基 PVKs 通常面临着 Sn^{2+} 在大气环境中容易氧化为 Sn^{4+} 的问题，因此，Sn^{4+} 的形成阻碍了 PVKs 的电荷中性，并导致 PVKs 降解。为了避免氧化，这种 PVKs 只能在惰性气氛中制造，需要严格封装。近期研究人员发现一种有潜力的材料，锡基分子碘盐化合物（A$_2$SnI$_6$），其中锡离子处于 +4 氧化状态，这使得该化合物在空气和湿气中能够稳定存在。Cs$_2$SnI$_6$ 是一种分子碘盐化合物 [图 6.19 (a)]，具有带隙约 1.3 eV 和较高光吸收系数（在 1.7 eV 时超过 10^5 cm^{-1}），已被广泛应用于光伏器件。Lee 等首次将这种材料应用于 DSCs 中，作为空穴传输的固态电解质 [图 6.19 (b 和 c)]，再与卟啉染料有效混合，可以实现 8% 的 PCE。

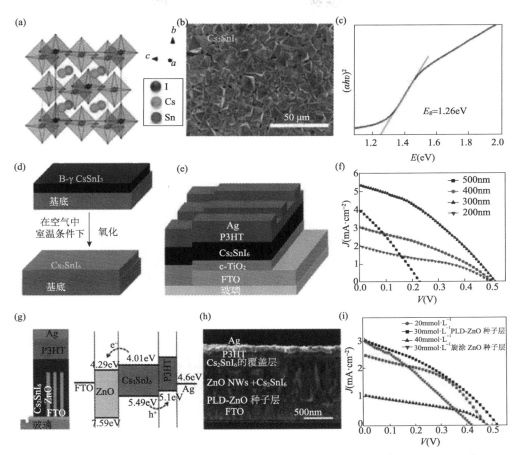

图 6.19　Cs$_2$SnI$_6$ PSCs：(a) Cs$_2$SnI$_6$ 的晶体结构；(b) Cs$_2$SnI$_6$ 的 SEM 图像和 (c) Cs$_2$SnI$_6$ 的 Tauc 曲线；(d) 通过氧化将 B-γ-CsSnI$_3$ 转化为 Cs$_2$SnI$_6$ 的示意图；(e) 基于 Cs$_2$SnI$_6$ 的 PSCs 的电池结构；(f) 基于不同厚度 Cs$_2$SnI$_6$ 的 PSCs 的 J-V 曲线；(g) 电池结构和工作原理示意图；(h) 电池结构横截面 SEM 图像以及 (i) 基于 Cs$_2$SnI$_6$ 和 ZnO NWs 的 PSCs 的 J-V 曲线

　　由于 Cs$_2$SnI$_6$ 具有良好的半导体性能，在 PSCs 中得到了很好的应用。研究人员发现不稳定的 B-γ-CsSnI$_3$ 能够自发氧化转化形成在空气中稳定的 Cs$_2$SnI$_6$，因此提出了利用 B-γ-CsSnI$_3$ 作为前驱体来获得 Cs$_2$SnI$_6$ 的想法。首先，他们开发了一种热蒸发方法来生长高质量的 B-γ-CsSnI$_3$，即其中的 CsI 和 SnI$_2$ 层通过热蒸发连续沉积，然后在 N$_2$ 气氛中退火，得到 B-γ-CsSnI$_3$；然后在空气气氛中自动转换为 Cs$_2$SnI$_6$，如图 6.19(d) 所示。接着，首次将 Cs$_2$SnI$_6$ 薄膜作为光吸收体应用于 PSCs 中，器件结构为 FTO/c-TiO$_2$/Cs$_2$SnI$_6$/P3HT/Ag[图 6.19(e)]，经系统研究优化 Cs$_2$SnI$_6$ 厚度后[图 6.19(f)]，其 PCE 为 0.96%，V_{oc} 为 0.51V，J_{sc} 为 5.41mA·cm^{-2}。此外，Cs$_2$SnI$_6$ 在环境大气中的显著稳定性可使其一周内产生相当稳定的 PSCs。之后不久，研究人员首先通过溶液法合成 CsSnI$_3$ 粉末，然后把它溶解在 DMF 中作为 Cs$_2$SnI$_6$ 前驱体溶液，再采用一步溶液法沉积制备出 Cs$_2$SnI$_6$。采用 ZnO 纳米线（nanowire，NWs）作为 ETL，组装出具有 FTO/ZnO NWs/Cs$_2$SnI$_6$/P3HT/Ag 器件结构的 PSCs[图 6.19（g，h）]，该器件经优化 ZnO 晶种薄膜层和 ZnO 纳米线形貌后，可获得 0.86% 的 PCE，0.52V 的 V_{oc}，3.20 mAcm^{-2} 的 J_{sc}[图 6.19（i）]。

在 Cs$_2$SnI$_6$ 中用 Br$^-$ 取代 I$^-$，研究人员通过调节不同卤素的比例来调节带隙，如增加 x 值，可以使 Cs$_2$SnI$_{6-x}$Br$_x$ 的带隙从 1.3 eV 增加到 2.9 eV[图 6.20（a，b）]。该样品的制备是通过两步溶液法来实现的，即先沉积 CsI 或 CsBr 膜，然后与 SnI$_4$ 或 SnBr$_4$ 溶液发生化学反应。随着 Br 成分的增加，带隙增大，Cs$_2$SnI$_{6-x}$Br$_x$ 薄膜的颜色从深棕色变为浅黄色[图 6.20（c）]。这种带隙变化范围明显大于 CsSnX$_3$，其范围为 1.3 eV（CsSnI$_3$）到 1.7 eV（CsSnBr$_3$）。用其构建的夹心型太阳电池组件[FTO/bl-TiO$_2$/Sn-TiO$_2$/Cs$_2$SnI$_{6-x}$Br$_x$/Cs$_2$SnI$_6$（HTL）/LPAH/FTO]，具有与无机材料（Cs$_2$SnI$_6$）和丁二腈混合的全固态离子导体组成的太阳电池组件相当的性能。光伏测量结果表明，Br 含量的增加导致 J_{sc} 减少，V_{oc} 逐渐增加[图 6.20（d）]。对于 Cs$_2$SnI$_4$Br$_2$（x=2 时），PSCs 获得了最佳的器件性能，PCE 为 2.02%，V_{oc} 为 0.563V，

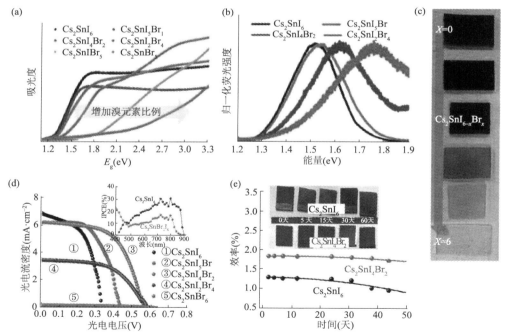

图 6.20　Cs$_2$SnI$_{6-x}$Br$_x$ PSCs：（a）不同 x 值的 Cs$_2$SnI$_{6-x}$Br$_x$ 的紫外可见吸收光谱；（b）PL 谱和（c）样品照片；（d）不同 x 值的 Cs$_2$SnI$_{6-x}$Br$_x$ 基 PSCs 的 J-V 曲线，插图是基于 Cs$_2$SnI$_6$ 和 Cs$_2$SnI$_4$Br$_2$ 的 PSCs 的 IPCE 光谱；（e）基于 Cs$_2$SnI$_6$ 和 Cs$_2$SnI$_4$Br$_2$ 的 PSCs 的 PCE 随时间的变化，插图为 Cs$_2$SnI$_6$ 和 Cs$_2$SnI$_4$Br$_2$ 薄膜存放不同时间后的照片

J_{sc} 为 6.225 mA·cm^{-2}，FF 为 0.58。器件稳定性测试表明，Cs$_2$SnI$_4$Br$_2$ PSCs 比 Cs$_2$SnI$_6$ PSCs 更稳定，Cs$_2$SnI$_4$Br$_2$ PSCs 在空气中储存 50 天后几乎还保持其初始 PCE[图 6.20(e)]。

6.5.2 铋基钙钛矿

铋是 Pb 和 Sn 的潜在替代品。由于具有不同的价态，Bi^{3+} 不可能直接取代 PVKs 结构中的 Pb^{2+} 或 Sn^{2+}，因此，基于 Bi 的 PVKs 显示出与传统 PVKs 结构不同的结构，并且具有巨大的结构多样性，尺寸范围从 0D 二聚体单元到 1D 链状基序，再到 2D 分层网络和 3D 双 PVKs。Cs$_3$Bi$_2$I$_9$ 属于 0D 二聚体物种，由 Cs$^+$ 包围的生物四面体 (Bi$_2$I$_9$)$^{3-}$ 簇组成[图 6.21(a)]。Park 等利用 Cs$_3$Bi$_2$I$_9$ 作为钙钛矿太阳电池中的光吸收体，其呈现出与其对应的 MA$_3$Bi$_2$I$_9$ 类似的约为 2.2eV 的带隙[图 6.21(b)]。无机性质和稳定的 Bi^{3+} 有利于 Cs$_3$Bi$_2$I$_9$ 材料在大气中的沉积，一步法制备的 Cs$_3$Bi$_2$I$_9$ 薄膜呈六方片状结构，晶体沿 c 轴生长。器件结构为 FTO/m-TiO$_2$/Cs$_3$Bi$_2$I$_9$/spiro-MeOTAD/Ag 的 PSCs[图 6.21(c)]具有 1.09% 的 PCE，V_{oc} 为 0.85V，J_{sc} 为 2.15mA·cm^{-2}[图 6.21(d)]。显然，这种类型的钙钛矿太阳电池具有很高的稳定性，无论扫描速率如何，制作的钙钛矿太阳电池几乎没有出现迟滞现象。不过储存一个月后，观察到较大的 J-V 迟滞现象，表明 Cs$_3$Bi$_2$I$_9$ 与 HTL 中的添加剂之间可能存在相互作用。在这之后，Johansson 等合成了 CsBi$_3$I$_{10}$，也将其用作光吸收材料。不同的是，CsBi$_3$I$_{10}$ 具有层状结构，其主导晶体生长方向与 Cs$_3$Bi$_2$I$_9$ 不同，吸收范围扩展到约 700 nm，在 350 nm 和 500 nm 之间具有 1.4×10^5 cm^{-1} 的高吸收系数[图 6.21(e)]。结构为 FTO/m-TiO$_2$/CsBi$_3$I$_{10}$/P3HT/Ag 的器件具有 0.4% 的 PCE，V_{oc} 为 0.31 V，J_{sc} 为 3.4 mA·cm^2[图 6.21(f)]，IPCE 光谱覆盖了高达 700 nm 左右的可见光谱。不过，时间分辨吸收光谱表明，与 MAPbI$_3$ 相比，CsBi$_3$I$_{10}$ 薄膜的稳定性较低，这是它的一个缺点。

与低维材料相比，3D 材料由于其半导体特性更适合光伏应用，因此一些研究集中于提高基于 Bi 的 PVKs 的维数。将银离子和亚铜离子引入到基于碘化铋的碘氧化物材料中，可以获得三维结构，如银-铋-碘三元系属于碘酸银族，可结晶为 AgBi$_2$I$_7$[图 6.21(g)]。Kim 等报告了一种溶液法，该法使用正丁胺作为溶剂来溶解 BiI$_3$ 和 AgI，再沉积生成能在空气中稳定的 AgBi$_2$I$_7$，其结构为立方结构，E_g 为 1.87eV[图 6.21(h)]。构建了 FTO/m-TiO$_2$/AgBi$_2$I$_7$/P3HT/Au 的器件[图 6.21(i)]，其最佳者的 J_{sc} 为 3.30 mA·cm^{-2}，V_{oc} 为 0.56 V，FF 为 67.41%，PCE 为 1.22%[图 6.21(j)]。稳定性测试表明，在环境条件下交替存储和充放电测试 10 天以上，最佳器件的 PCE 保持在 1.13% 以上，表明 AgBi$_2$I$_7$ 具有较高的空气稳定性。

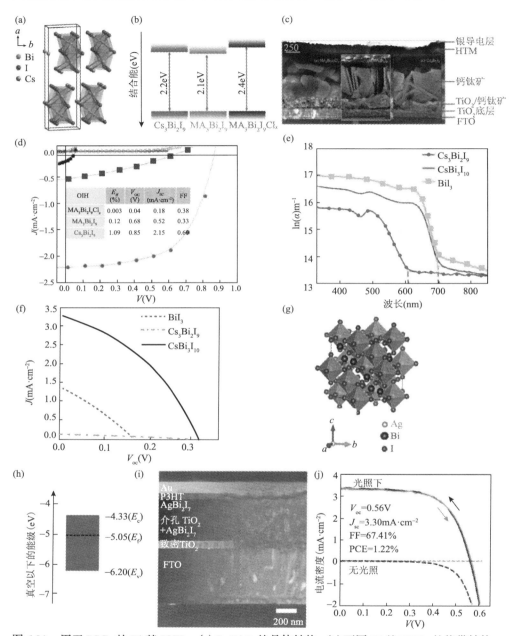

图 6.21　用于 PSCs 的 Bi 基 PVKs：(a)Cs$_3$Bi$_2$I$_9$ 的晶体结构；(b)不同 Bi 基 PVKs 的能带结构；(c)Cs$_3$Bi$_2$I$_9$、MA$_3$Bi$_2$I$_9$ 和 MA$_3$Bi$_2$I$_9$Cl$_x$ PSCs 的横截面 SEM 图像及其(d)J-V 曲线，OIH 表示有机-无机杂化钙钛矿；(e)Cs$_3$Bi$_2$I$_9$、CsBi$_3$I$_{10}$ 和 BiI$_3$ 薄膜的紫外可见吸收光谱和(f)Cs$_3$Bi$_2$I$_9$、CsBi$_3$I$_{10}$ 和 BiI$_3$ PSCs 的 J-V 曲线；(g)AgBi$_2$I$_7$ 的晶体结构和(h)能带结构；(i)AgBi$_2$I$_7$ PSCs 的横截面 SEM 图像及其(j)J-V 曲线

6.5.3　锑基钙钛矿

与 Bi 基 PVKs 类似, Sb 基 I-PVKs 具有 $A_3Sb_2X_9$(A: Rb^+ 和 Cs^+; X: Cl、Br 和 I) 的基本结构, 具有 0D 二聚体晶体结构(具有融合的生物八面体)或二维层状晶体结构。经计算, 由于直接带隙性质、更高的电子和空穴迁移率以及由更高的介电常数导致的更多晶体缺陷, 与二聚体形式相比, 层状结构更优越。$Cs_3Sb_2I_9$ 可以通过制备方法的不同形成两种类型晶体结构。电子能带结构计算表明, 二聚体和层状结构分别表现出间接和直接带隙(2.4 eV *vs.* 2.06 eV)特性。由于溶液法通常会导致二聚体结构的产生, Saparov 等开发了一种两步热蒸发法来生长带隙为 2.05 eV 的层状 $Cs_3Sb_2I_9$。通过在 PSCs 中应用, $Cs_3Sb_2I_9$ 薄膜在结构为 FTO/c-TiO$_2$/Cs$_3$Sb$_2$I$_9$/PTAA/Au 的器件中表现出较低的性能, V_{oc} 为 0.3V, J_{sc} 为 0.1 mA·cm^{-2}, 这是因为层状 $Cs_3Sb_2I_9$ 中存在大量深能级缺陷。采用低温溶液法很容易将 Cs^+ 替换为 Rb^+ 而合成出层状 $Rb_3Sb_2I_9$, 这是由于较小的 A 位离子(Cs^+ 和 Rb^+ 分别为 188 pm 和 172 pm)的尺寸效应[图 6.22 (a)]。用 Rb 代替 Cs 使 $Rb_3Sb_2I_9$ 的带隙变窄,

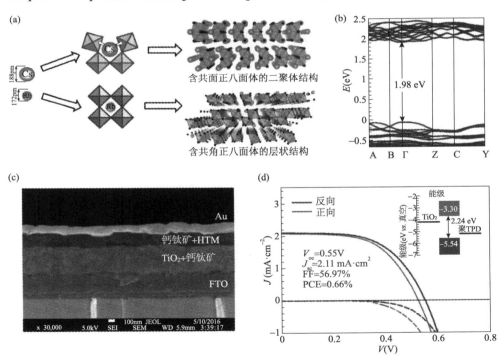

图 6.22　用于 PSCs 的 Sb 基 PVKs:(a)$Cs_3Sb_2I_9$ 和 $Rb_3Sb_2I_9$ 之间的晶体结构比较;(b)$Rb_3Sb_2I_9$ 的能带结构;(c)$Rb_3Sb_2I_9$ PSCs 横截面 SEM 图像及其(d)J-V 曲线,(d)中的插图是 $Rb_3Sb_2I_9$ PSCs 中不同材料的能带结构

直接跃迁约为 1.98 eV[图 6.22(b)]，吸收系数为 1×10^5 cm^{-1}。Harikesh 等开发了一种一步溶液法制备层状 Rb$_3$Sb$_2$I$_9$ 薄膜并将其应用于 FTO/m-TiO$_2$/Rb$_3$Sb$_2$I$_9$/poly-TPD/Au 的 PSCs[图 6.22(c)]。这种 PSCs 实现了 0.66% 的 PCE、0.55V 的 V_{oc} 和 2.11 mA·cm^{-2} 的 J_{sc}[图 6.22(d)]，明显高于基于 Cs$_3$Sb$_2$I$_9$ 的值。

6.5.4　双金属钙钛矿

通过在卤化物 PVKs 的 B 位引入三价阳离子和一价阳离子，可形成 A$_2$B^{1+}B^{3+}X$_6$ 形式的卤化物双金属 PVKs。当 A 位被无机阳离子占据时，可以获得无机双金属 PVKs，这类 I-PVKs 由岩盐面心立方结构交替的两种八面体组成。到目前为止，理论上已经预测出许多具有适合光伏应用带隙的无机双金属 PVKs，其中一些化合物表现出间接带隙特性，而其他化合物则具有直接带隙特性。间接带隙双金属 PVKs 包括 Cs$_2$AgBiCl$_6$（2.2~2.8 eV）、Cs$_2$AgBiBr$_6$（1.8~2.2 eV）、Cs$_2$AgBiI$_6$（1.6 eV）、Cs$_2$CuBiX$_6$（X=Cl，Br，I；E_g=2.0~1.3 eV）、Cs$_2$CuSbX$_6$（X=Cl，Br，I；E_g=2.1~0.9 eV）、Cs$_2$AgBiX$_6$（X=Cl，Br，I；E_g=1.1~2.6 eV）和 Cs$_2$AuSbX$_6$（X=Cl，Br，I；E_g=1.3~0.0 eV）等。直接带隙双金属 PVKs 包括 Cs$_2$InSbCl$_6$（1.02 eV）、Cs$_2$InBiCl$_6$（0.91 eV）、Rb$_2$CuInCl$_6$（1.36 eV）、Rb$_2$AgInBr$_6$（1.46eV）和 Cs$_2$AgInBr$_6$（1.50 eV）等。

为了验证理论计算的结果，研究人员探索不同方法合成出无机双金属 PVKs 并进行表征。Slavney 等通过溶液法合成了 Cs$_2$AgBiBr$_6$ 单晶，其间接带隙为 1.95 eV，室温荧光寿命为 660ns。这种 Cs$_2$AgBiBr$_6$ 具有较高的缺陷容限和稳定性。Volonakis 等利用固态反应法来生长间接带隙为 2.2eV 的 Cs$_2$AgBiCl$_6$ 粉末。McClure 等通过固态反应法和溶液法合成了 Cs$_2$AgBiBr$_6$ 和 Cs$_2$AgBiCl$_6$，而 M. R. Filip 等则使用溶液法合成了 Cs$_2$BiAgCl$_6$ 和 Cs$_2$BiAgBr$_6$ 单晶。Du 等报道了掺杂 In 或 Sb 的 Cs$_2$BiAgBr$_6$ 的合成，元素掺杂有助于样品调节带隙和光吸收范围。

尽管理论上已经预测了许多化合物，但仅合成和表征了几种，并且还没有探索出合适的方法来沉积可用于光伏的薄膜。Greul 等改进了旋涂法，把预热的前驱体溶液滴加到预热和旋转的基底上，在 TiO$_2$ 介孔薄膜上沉积出 Cs$_2$AgBiBr$_6$ 薄膜。虽然 Cs$_2$AgBiBr$_6$ 薄膜的表面粗糙，有许多聚集体，但基底被完全覆盖，可以被用于制备 PSCs。将 spiro-MeOTAD 沉积为 HTL 后，获得了 2.43% 的最佳 PCE 和 1.06 V 的 V_{oc}[图 6.23(c 和 d)]，这是首次报道无机双金属 PVKs 的 PCE 的特性。

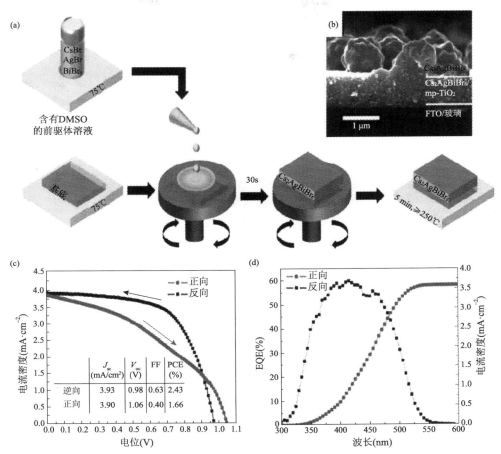

图 6.23 Cs₂AgBiBr₆ PSCs：(a)Cs₂AgBiBr₆ 膜的合成路线图；(b)沉积在 m-TiO₂ 上的 Cs₂AgBiBr₆ 膜的横截面 SEM 图像；(c)最佳性能 PSCs 器件的 J-V 曲线及其(d)IPCE 光谱和综合预测电流密度

6.6 挑战与展望

无机钙钛矿太阳电池(I-PSCs)非常有望作为有机-无机杂钙钛矿太阳电池(OIH-PSCs)的替代品，并且这个研究方向取得了很大进展。目前 I-PSCs 的 PCE 仍显著低于 OIH-PSCs，为了改善 I-PSCs 的 PCE，以下几个重要问题需要着重解决，这是未来 I-PSCs 的研究方向。

(1)虽然 I-PVKs 通常表现出较高的热稳定性，但大多数高效的 I-PVKs 在环境大气中的稳定性仍然较低。黑色 α-CsPbI₃ 相在室温下自发转变为黄色 CsPbI₃ 相，而 CsSnI₃ 中的 Sn²⁺ 在空气中易被氧化为 Sn⁴⁺。为了进一步提高 I-PSCs 的稳定性及其他性能，应认真解决这些问题。用 Bi^{3+} 掺杂 $\alpha-CsPbI_3$ 显示出一种在室温下稳定 $\alpha-CsPbI_3$ 相的有前途的方法，同时为避免 $CsSnI_3$ 中的 Sn^{2+} 被氧化，器件封装设计也是一个要重点研究的问题。

（2）与 OIH-PVKs 相比，用于制备 I-PVKs 的合成方法非常有限，尤其是溶液法，这在很大程度上抑制了 PCE 的提高。迫切需要开发更多有效的沉积方法来控制 I-PVKs 薄膜的晶体生长和形貌，以提高器件性能。

（3）I-PSCs 的器件结构还有进行重新设计的空间，以前的研究大多直接采用 OIH-PSCs 的器件结构，未来的研究应该更多地关注器件结构的设计，如选择合适的 HTL 和 ETL。

（4）严重缺乏对 I-PSCs 工作的物理原理的理解。对载流子的产生和寿命、电荷转移和传输、离子行为、电荷积累、迟滞现象等需要更深入了解，这将有助于提高 I-PSCs 的性能和稳定性。卤化物双金属 PVKs 作为一种有前途的现有 PVKs 的替代品，通常是一种间接带隙半导体，因此，需要开发能够合成直接带隙半导体的方法。

到目前为止，研究人员已经开发了几个类别或不同结构的 I-PVKs，但仍然很难评价哪个类别性能最佳。$AB^{2+}X_3$ 系列的性能明显高于其他系列，尤其是 $CsPbX_3$ 钙钛矿。研究表明 $AB^{2+}X_3$ 系列 I-PVKs 与对应的 OIH-PVKs 具有一些相似的光电特性，因此，可以肯定 $AB^{2+}X_3$ 系列 I-PVKs 在不久的将来能达到最佳性能。此外，研究人员抱有厚望的双金属 I-PVKs，如果能够开发出合适的合成方法以有效控制薄膜组成和形貌，它将可能给 I-PSCs 性能研究带来很大的突破。

6.7 结 论

本章系统总结了无机钙钛矿太阳电池研究的最新进展。I-PVKs 的晶体结构主要分为 $AB^{2+}X_3$、$A_2B^{4+}X_6$、$A_3B_2^{3+}X_9$ 和 $A_2B^{1+}B^{3+}X_6$。无机钙钛矿太阳电池相对于杂化钙钛矿太阳电池的优势主要在于其较高的热稳定性，而其中锡基钙钛矿太阳电池相对于铅基钙钛矿太阳电池的优势主要在于其低毒性。具有与 $CsPbX_3$ 相同结构的铅基 I-PVKs 是研究最多的材料，其 PCE 达到 10% 以上，最高值为 13.21%。光电效率较高的无铅 I-PVKs 主要具有 $CsBX_3$ 的晶体结构（B=Sn 和 Ge；X=Cl、Br 和 I），$CsSnX_3$ 的 PCE 已达到约 3%。具有 $A_2B^{4+}X_6$ 和 $A_3B_2^{3+}X_9$ 结构的钙钛矿衍生材料可分为 Sn 基、Bi 基、Sb 基材料，其 PCE 非常低，仅为 1% 左右。许多有前景的双金属 PVKs（$A_2B^{1+}B^{3+}X_6$）已在理论上被预测具有较好性质，但目前仅制备出用于 PSCs 的 $Cs_2AgBiBr_6$（间接带隙=1.9 eV）薄膜，其 PCE 超过 2%。尽管目前对 I-PSCs 的研究取得了很大进展，但仍需要解决一些重要问题以进一步提高其 PCE 和稳定性，这些待解决的重要问题包括提高材料稳定性、开发更多合成方法、设计合适的器件结构和阐明工作机理等。

6.8　问　　题

1. 请画出太阳电池的工作原理和器件结构示意图。
2. 钙钛矿的晶体结构是什么？有哪些类型的钙钛矿化合物？
3. 铅基无机钙钛矿太阳电池的分类和特点是什么？
4. 无铅无机钙钛矿太阳电池的分类和特点是什么？

参 考 文 献

Chang X., Li W., Zhu L., Liu H., Geng H., Xiang S., Liu J., and Chen H. *ACSAppl. Mater. Interfaces*, **8**, 33649(2016).

Chen H. N., Xiang S. S., Li W. P., Liu H. C., Zhu L. Q., and Yang S. H. *Sol.RRL*, **2**(2), 1700188(2018).

Chung I., Lee B., He J., Chang R. P. H., and Kanatzidis M. G. *Nature*,**485**, 486(2012).

Eperon G. E., Paterno G. M., Sutton R. J., Zampetti A., Haghighirad A. A., Cacialli F., and Snaith H. J. *J. Mater. Chem. A*, **3**, 19688 (2015).

Giustino F. and Snaith H. J. *ACS Energy Lett.*, **1**, 1233(2016).

Greul E., Petrus M. L., Binek A., Docampo P., and Bein T. J. *Mater. Chem. A*, **5**, 19972(2017).

Harikesh P. C., Mulmudi H. K., Ghosh B., Goh T. W., Teng Y. T., Thirumal K., Lockrey M., Weber K., Koh T. M., Li S., Mhaisalkar S., and Mathews N. *Chem. Mater.*, **28**, 7496(2016).

Kim Y., Yang Z., Jain A., Voznyy O., Kim G.-H., Liu M., Quan L. N., García de Arquer F. P., Comin R., Fan J. Z., and Sargent E. H. *Angew. Chem. Int. Ed.*, **55**, 9586(2016).

Selig O., Sadhanala A., Müller C., Lovrincic R., Chen Z., Rezus Y. L. A., Frost J. M., Jansen T. L. C., and Bakulin A. A. *J. Am. Chem. Soc.*, **139**, 4068(2017).

第7章 电催化水分解

日益增长的天然化石燃料消耗导致其储量不断减少和全球环境危机越来越严重。为了确保世界经济和社会可持续发展，清洁能源(如太阳能、风能和水力)作为化石燃料唯一可行替代品的重要性日益突出。然而，这种清洁能源因其自然的时变性只能间歇式发电，如何实现其高效、可靠的利用面临着巨大的挑战。因此，开发高效、环保的能源收集、转换与存储技术具有重要意义。为了确保能源的持续按需供应，电力必须以某种方式先储存起来，而电能转化为氢气是解决这一问题的一个很有吸引力的方法。在目前已知或使用的燃料中，氢具有最高的质量比能量密度和零碳排放的优点，是一种满足未来燃料应用需求的最有前景的能源载体之一。目前，以化石能源为原料的蒸汽重整工艺作为 H_2 的主要生产途径，不仅加剧了化石燃料的消耗，而且增加了全球 CO_2 的排放。因此迫切需要寻求一种清洁、可再生、高效的氢气生产方法。分解水($2H_2O \longrightarrow O_2+2H_2$)是非常可行的一种方法，因为当两个 H_2O 分子分裂成一个 O_2 和两个 H_2 分子时，可以以化学键储存 4.92 eV 的自由能，而不会排放温室气体和其他污染物气体。析氢反应是水裂解的阴极半反应，为实现"氢经济"提供了一条理想的途径。当前，Pt 仍然是最佳的析氢反应(HER)催化剂，具有最高的交换电流密度。然而，成本高、地球丰度低、稳定性不够，阻碍了 Pt 基或 Pt 族金属催化剂的广泛应用。

目前的挑战是开发一种高效、耐用和低成本的用于 HER 的电催化材料以取代贵金属催化剂，该方面的研究已引起研究人员的广泛关注。由于过渡金属硫族化合物、碳化物、氮化物和磷化物具有良好的 HER 性能，因此使用这些化合物替代铂催化剂的研究已经取得了显著进展。然而，现有的基于非贵金属化合物的 HER 电催化剂在活性和稳定性方面仍然不尽如人意。研究人员提出，通过可控非晶工程和电子结构的调控，掺入二元非金属原子以实现活性和电导率的协同调制，从而提高其 HER 的性能。为了调控电子结构和扭曲母体 TMC 的晶格使氢吸附自由能更接近平衡吸附能，将非金属原子掺入过渡金属化合物(TMC)晶格以制备二元非金属 TMC(binary-nonmetal transition-metal compound, BNTMC)用于析氢电催化。为了验证这个假说，通过掺入非金属原子制备出 $MoS_{2(1-x)}Se_{2x}$ 化合物，表征显示相比 MoS_2 和 $MoSe_2$ 两个催化剂，其具有更好的催化性能。其他化合物，如 $WS_{2(1-x)}Se_{2x}$ 与 WS_2 和 WSe_2 相比，$MoS_{0.94}P_{0.53}$ 与 MoS_2 和 MoP 相比，CoS|P 与 CoS_2 和 CoP

相比，都观察到类似现象。同样，P 修饰的石墨烯负载氮化钨复合物(WN/rGO)，WN 和石墨烯与 P 之间的相互作用增强，对 HER 的电催化性能也有所改善。

因此，二元非金属过渡金属化合物催化剂成为析氢的有潜力替代催化剂。值得注意的是，他们中的一些已经表现出与含 Pt 催化剂相当的 HER 性能了。例如，磷硫化物(MoP|S)催化剂表现出较高的 HER 活性，具有较大的交换电流密度(0.57 mA·cm^{-2})，较高的转换频率(turnover frequency, TOF) (150 mV 时为 0.75 s^{-1})，较低的过电位(电流密度 10 mA·cm^{-2} 时为 64 mV)和优异的耐久性能(即使运行 1000 次后活性也没有下降)；硫化物型钴磷硫化物(CoP|S)电极在过电位低至 48 mV 时，催化电流密度为 10mA·cm^{-2}；MOS$_{2(1-x)}$Se$_{2x}$/NiSe$_2$ 杂化电极在电流密度为 10 mA·cm^{-2} 时，过电位低至 69 mV，交换电流密度为 0.3 mAcm^{-2}，在 150 mV 时转换频率为 0.22 s^{-1}，在高电位下工作 16 h 以上，活性没有明显下降。研究人员在近年来关于 HER 电催化剂的研究中开创了二元非金属 TMC 的黄金时代。

电化学水分解将整个过程分为两个半反应：析氢反应(HER)和析氧反应(OER)。众所周知，与 HER 相比，OER 因其涉及四电子转移反应在动力学上要缓慢得多，需要更高的过电位，从而限制了水分解效率，阻碍了以水分解为基础的制氢工业的发展。

最新的 RuO$_2$ 和 IrO$_2$ 催化剂显示了有效的水氧化活性。然而，Ir(每千克\$16 181)和 Ru(每千克\$2000)的高成本大大限制了它们的大规模利用。幸运的是，研究人员发现化学成分和微观结构可控的第四周期过渡金属化合物具有类似的水分解性能，而且资源更丰富，价格更低。在这些材料中，过渡金属基层状双氢氧化物(TM-LDH)被广泛研究，其一般化学通式为 $\left[\text{M}_{1-x}^{2+}\text{M}_x^{3+}(\text{OH})_2\right]^{x+}(\text{A}^{n-})_{x/n}\cdot m\text{H}_2\text{O}$，由共边羟基配位八面体和羟基层之间插层的阴离子组成，其 OER 活性甚至更高，过电位低至约 200 mV，低于 RuO$_2$ 和 IrO$_2$(约 250 mV)。尽管目前 TM-LDH 作为高效 OER 催化剂方面的研究已经取得了巨大的进展，但对 TM-LDH 高水氧化性能的机理的认识仍然有限，例如，二价和三价阳离子之间的协同效应及其对 OER 的影响仍然难以捉摸。我们注意到，一些优秀的综述总结了 TM-LDH 催化剂的最新发展，但仍然缺乏对 TM-LDH 中金属组合对其催化性能的影响的专门讨论，尽管这种组合很重要。

本章首先简要介绍了 HER 的基本原理，接着总结了制备具有代表性的二元非金属纳米微米材料的几种常用合成方法，然后讨论了二元非金属 TMC 在 HER 中的可调控的物理化学结构与性能之间的关系。在此基础上，总结了具有一元、二元和三元过渡金属离子的 TM-LDH 及其 OER 催化性能的最新进展，重点研究了金属组合对 OER 活性的影响。最后介绍了二元非金属 TMC 和 TM-LDHs 催化剂材料的前景和主要挑战。

7.1　析氢反应的基本原理

在讨论 HER 电催化中的二元非金属纳米材料之前,很有必要先简单介绍 HER 的一些基本原理。通常认为 HER 的机理是三个基本步骤中的两个步骤的结合: Volmer-Tafel 或 Volmer-Heyrovsky,包括 H^+ 的电化学吸附、H_2 的化学解吸和 H_2 的电化学解吸。三个基本步骤分别如下。

Volmer 步骤(放电步骤):

$$H^+ + e^- \longrightarrow H_{ad} \tag{7-1}$$

Heyrovsky 步骤(电化学原子+离子反应步骤):

$$H_{ad} + H^+ + e^- \longrightarrow H_2 \tag{7-2}$$

Tafel 步骤(原子组合步骤):

$$2H_{ad} \longrightarrow H_2 \tag{7-3}$$

对于电催化反应,催化剂的活性依赖于金属表面与关键反应中间体之间的相互作用的热力学自由能,包括吸附、成键、断裂和解吸的自由能变化。从反应机理(7-1)、机理(7-2)或机理(7-1)~机理(7-3)可以看出,良好的 HER 催化剂应与吸附的 H_{ad} 形成足够强的键,促进电子转移过程,但同时也不能太强,以保证表面键容易断裂,释放气态 H_2 产物。

7.1.1　催化剂表面的氢气吸附

已知 HER 电催化与催化剂表面氢原子的化学吸附自由能(ΔG_H)有很强的相关性,在 0 eV 时最优,因为氢气在催化剂表面的吸附既不太弱也不太强。火山图(图 7.1)显示了以过渡金属的对数交换电流密度作为氢原子化学吸附自由能的函数。

根据 Sabatier 原理,结合强度不强也不弱都有利于整个反应,因为结合强度强或弱都会导致反应物吸附差或最终产物难以去除。与 Pt 族金属相比,地球丰度高、价格低廉的 Ni、Re、Co、Mo 和 W 金属均位于火山曲线的左支,表明由于氢的强结合作用,这些金属表面的 HER 动力学缓慢。以前的研究已经发现,包含一些电负性中等的非金属原子,如 C、N、P 和 S,可以改变母金属的 d 带性质,提供类似于 Pt 的特征。

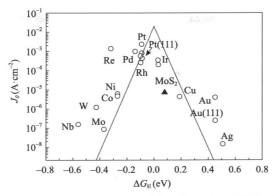

图 7.1　实验测量的对数交换电流密度与 DFT 计算的氢吸附吉布斯自由能的函数的火山图
（Nørskov 和同事提出的解释火山图缘由的简单动力学模型如实线所示）

　　密度泛函理论(DFT)计算建立了过渡金属碳化物(氮化物)中金属 d 轨道和碳
(氮)sp 轨道之间的杂化。由于碳原子或氮原子加入金属晶格后，碳化物和氮化物
表面产生了拉伸应变，金属晶格发生膨胀，金属与金属之间的距离增加，因此，
氢在这些金属位点上吸附增强了。DFT 计算表明，H 在金属端碳化物表面上的吸
附比在对应的最紧密排列的纯金属表面上的吸附强，而在碳端碳化物表面上的
吸附弱。Peterson 和同事们发现，尽管氢在金属端碳化物表面的吸附力很强，
但当氢覆盖面积增加时，氢在金属端碳化物表面的结合力是母材表面的 1/3。
因此，他们认为金属碳化物 HER 活性的增加可能是由于覆盖层对氢结合强度
减弱的敏感性更高。除了掺杂引起的 d 带调整外，由于电子从金属转移到碳或
氮而产生的配体效应将导致与母体金属相比，费米能级附近的 d 带占据不足。由
于 d 带占位的不足，碳化物/氮化物表面向氢提供 d 电子的能力降低，从而削弱了
氢的结合强度。

　　过渡金属磷化物的物理化学性质与过渡金属碳化物/氮化物相似，但由于
磷与碳/氮在电负性和原子半径上有差异，因此其物理化学性质有一些不同。
与碳原子和氮原子在金属碳化物和氮化物的晶格间隙中嵌套形成相对简单的
晶体结构(如氮钼为体心立方晶体结构或碳化钼为六边形紧密堆积结构)不同，
金属磷化物由于磷原子半径大，其晶体结构是三角棱柱晶体结构。不同于在金
属硫化物中观察到的层状结构，金属磷化物倾向于形成一个各向同性的晶体结
构，这有利于 H 更多地进入晶体表面的活性位点。与碳和氮相比，磷的电负性
较低，金属磷化物 Ni_2P 的 Ni 空心位点产生弱的配体效应，使其成为强氢化物
受体，因此，Ni_2P(001)表面的第一次氢吸附仅略弱于金属 Ni(111)表面。Ni_2P 表
面较强的氢结合强度与 Ni_2P 对 HER 的高活性相矛盾。然而，Liu 和同事的一项
理论研究表明，在 Ni_2P(001)表面强烈的 H-Ni 相互作用可以产生"H 中毒效应"，

使更多的 H 原子在 Ni-P 桥位点上适度结合，从而使 Ni_2P 催化剂的 HER 活性与 Pt 和[NiFe]氢化酶相当。MoP 也存在类似的 "H 中毒效应"。Wang 的团队发现，当 H 覆盖率为 50%～75%时，MoP(001)以 P 为末端的平面上的氢吸附自由能接近 0 eV。

层状结构过渡金属硫族化合物的氢吸附自由能与材料的晶面密切相关。以 MoS_2 为例，HOMO 轨道主要局域在边缘的 S 位，表明局域电子主要在 MoS_2 的边缘进行质子的电荷交换。根据 HER 自由能图进行 DFT 计算，MoS_2 的平面位点是惰性的(ΔG_H 约为 1.9 eV)，而边缘位点，特别是 Mo 晶面[1010]的边缘位点是活性的，其 ΔG_H 约为 0.08 eV，比活性最高的 Pt 表面(ΔG_H 约为 0.1 eV)更接近于 0 eV。基于这一认识，人们致力于开发 MoS_2 纳米结构，以最大化产生活性边缘位点，包括纳米粒子、纳米线、非晶态薄膜、有序双旋翼网格薄膜、纳米片和缺陷丰富的纳米片。

在 2H 相转化为 1T 相后，观察到剥落的 MoS_2 层在平面位置上的氢吸附得到优化。一般来说，对于 2H 相，Mo 的 d 轨道分裂为 3 个简并轨道 $2d_{z^2}$、$d_{x^2-y^2, xy}$ 和 d_{xy-yz}，d_{z^2} 和 $d_{x^2-y^2, xy}$ 轨道之间的带隙为 1eV，而对于 1T 相的四方对称，d 轨道分裂为 2 个简并态，$d_{xy, yz, zx}$ 和 $d_{x^2-y^2, z^2}$ 轨道[图 7.2(a)]。在 1T 相最多可以有 6 个电子填满 $d_{xy, yz, zx}$ 轨道，而在 2H 相只有 2 个电子可以填满 d_{z^2} 轨道。由于 S 的 p 轨道的能量比费米能级低得多，d 轨道的填充决定了 MoS_2 化合物中不同相的性质。过渡金属硫族化合物的 d 轨道完全填充化合物具有半导体性质(2H)，而部分填充使化合物产生金属性质(1T)。例如，1T MoS_2 或 1T WS_2 薄膜的电导率约为 0～100 $S \cdot cm^{-1}$，而其 2H 相对应的薄膜的电导率为 10^{-5} $S \cdot cm^{-1}$。更重要的是，1T MoS_2 的 HER 性能在边缘氧化后没有受到影响[图 7.2(b)]，表明边缘并不是 1T MoS_2 纳米片中唯一的活性位点。随后，Tsai 等通过计算氢吸附的自由能来评估各种过渡金属硫族化合物的边缘和基面催化活性和稳定性，结果表明，优化吸氢自由能可以催化活化过渡金属硫族化合物的基面，因为相对于半导体 2H 相(1.9 eV)，金属 1T 相(0.12 eV)显著降低了 MoS_2 在基面上的 ΔG_H。

此外，Chhowalla 等证明，当 2H 相转化为 1T 相时，脱落的 WS_2 纳米片会发生变形，导致 WS_2 纳米片发生应变。DFT 计算表明，1T WS_2 纳米片中的应变导致费米能级附近态密度增强，促进了氢结合，并获得了接近零的氢吸附自由能，其应变为 2.7%。Zheng 和 Nørskov 的团队已经证明，在 2H MoS_2 的情况下，应变只能略微增加 HER 活性，而应变和 S-空位的组合可以显著增加 HER 活性。他们将 MoS_2 单分子层转移到由 Au/Ti 薄膜覆盖的 SiO_2 纳米柱阵列基底上，这样 MoS_2 单分子层就会变形，纳米柱顶部的应变较大，纳米柱之间的应变较小[图 7.2(c)]。实验和理论结果表明，S-空位作为新的高活性和可调的催化位点，具有 S-空位且产生应变的 MoS$_2$（SV-MoS$_2$）表现出增强的 HER 活性，显著影响费米能级附近的态密度，有助于降低氢吸附自由能[图 7.2(d)]。SV-MoS$_2$ 催化剂的表面 Mo 单原子转化频率（TOF$_{Mo}$）甚至高于 MoS$_2$ 边缘位和 1T 相 MoS$_2$ 基面 Mo 单原子转化频率（TOF$_{Mo}$）[图 7.2(e)]。

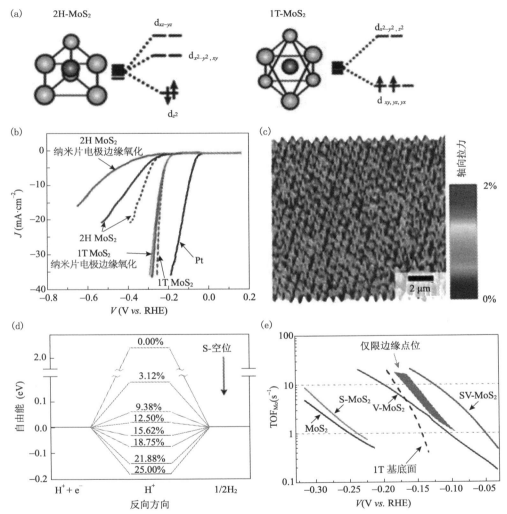

图 7.2　(a) 2H 和 1T MoS$_2$ 的晶体场分裂诱导的电子构型，其中橙色的球是 S 原子，蓝灰色的球是 Mo 原子；(b) 1T 和 2H MoS$_2$ 纳米片电极边缘氧化前后极化曲线，经过 iR 校正的 1T 和 2H MoS$_2$ 极化曲线为虚线；(c) 扫描显微拉曼光谱法得到的应变织构单层 MoS$_2$（14 μm × 14 μm）的彩色标记应变分布图，纳米柱顶部的应变峰值约为 2%（单轴拉伸应变）；(d) S-空位浓度范围为 0%～25% 时，氢吸附自由能与 HER 反应性能的关系；(e) 各种 MoS$_2$ 样品的 TOF$_{Mo}$

7.1.2 析氢反应途径

除吸附氢的自由能外，HER 动力学还受反应途径的影响，而反应途径又受催化剂、外加电位等因素的影响。HER 电流通常用 Butler-Volmer 方程表示：

$$\eta = \frac{2.303RT}{\alpha nF}\lg i_k - \frac{2.303RT}{\alpha nF}\lg i_0 \tag{7-4}$$

式中，α 是传递系数；i_0 是交换电流密度。

在大的过电位下（析氢反应的 Tafel 曲线的线性部分），$e^{\frac{\alpha nF\eta}{RT}} \ll e^{\frac{-(1-\alpha)nF\eta}{RT}}$。因此，$e^{\frac{-(1-\alpha)nF\eta}{RT}}$ 在方程（7-4）中可以忽略，方程（7-4）变成

$$i_k = i_0 \times e^{\frac{\alpha nF\eta}{RT}} \tag{7-5}$$

或

$$\eta_{diff} = \frac{2.303RT}{\alpha nF}\lg i_{k,d} - \frac{2.303RT}{\alpha nF}\lg i_0 \tag{7-6}$$

从方程（7-6）中，发现上述动力学处理自然地得到了 Tafel 形式的关系，表明过电位（η）和 $\lg i_k$ 之间具有线性关系，斜率 $\left(\dfrac{2.303RT}{\alpha nF}\right)$ 称为 Tafel 斜率，因此，Tafel 斜率越小，电催化电流密度越大，过电位越高。

在不同电极材料表面上，如金属、过渡金属化合物和非金属材料表面上，HER 反应途径可能是基于三个主要反应[Volmer-Tafel 或 Volmer-Heyrovsky 途径，如图 7.3（a）所示]。假设每个途径中有一个反应是速率决定步骤（rate determining step, rds），可以得到四种极限情况：①Volmer-Tafel（rds）；②Volmer（rds）-Tafel；③Volmer-Heyrovsky（rds）；④Volmer（rds）-Heyrovsky。Tafel 斜率是一个常用的参数，可以用来判断 HER 反应的可能反应途径和速率决定步骤。如果放电反应（Volmer 步骤）快，则将反应物的传质与原子结合反应（Tafel 步骤）耦合在一起，成为速率决定步骤。假设 Nernstian 扩散控制的 HER 服从 Tafel 形式，则有

$$\eta_{diff} = \frac{2.303RT}{\alpha nF}\lg i_{k,d} - \frac{2.303RT}{\alpha nF}\lg i_0 \tag{7-7}$$

这是 η_{diff} 与 $\lg(i_{k,d})$ 相关的 Tafel 图，其斜率为 $2.303RT/\alpha nF$，而 Nernstian 扩散控制的 HER 的 Tafel 斜率最低为 $2.3RT/2F$，即 293 K 时斜率为 29 mV·dec^{-1}。根据经验，Tafel 斜率值在 29～38 mV·dec^{-1} 范围是由于原子缓慢结合形成 H$_2$（Tafel

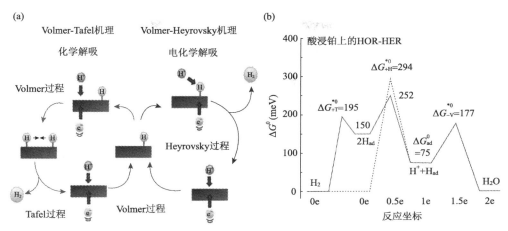

图 7.3　（a）酸性溶液表面的析氢机理；（b）在酸性溶液中，0 V 时 Pt 电极上的 HOR 和 HER 的自由能图，使用 Volmer-Tafel 途径（实线）和 Volmer-Heyrovsky 途径（虚线）通过参数拟合构建而成

步骤），如在酸性电解质的 Pt（100）表面上的析氢反应。电催化剂的 Tafel 斜率较高，表明电荷转移步骤（Heyrovsky 或 Volmer 步骤）是速率决定步骤。对于过渡金属化合物催化剂，Tafel 斜率在 40 ～ 110 mV·dec^{-1} 之间，表明反应历经 Volmer-Heyrovsky 途径。如果 Volmer 步骤很快，随后是一个 Heyrovsky 速率决定步骤[Volmer-Heyrovsky（rds）路径]，那么 $n=2$ 和 $\alpha=3/4$ 时，在 293 K 时的 Tafel 斜率为 38 mV·dec^{-1}。如果反应路径为慢放电机理，Tafel 斜率应该在 116 mV·dec^{-1} 以上，表明 $n=2$，$\alpha=1/4$。当 Volmer 步骤和 Heyrovsky 步骤的速率相当时，Tafel 斜率应该介于 38 mV·dec^{-1} 和 116 mV·dec^{-1} 之间。然而，值得注意的是，这些值的获得是以一组严格的假设为前提的，许多因素可能导致它们的偏差，例如，氢的表面覆盖率可能取决于中间产物和电位，因而 Tafel 斜率就会出现较大偏差。Conway 等的研究表明，在较宽的温度范围内，Hg 和 Ni 的 HER 的 Tafel 斜率值不仅是 $2.3RT/\alpha nF$，而且也可以与稳定 T 无关。此外，目前很难从 Tafel 斜率上区分路径②和④，因为这两种路径的速率决定反应都是 Volmer 步骤，而且多条路径也可以同时进行。

　　两态之间的反应势垒对整个反应速率有显著影响，可以通过获得最小能量途径来计算。Adzic 和他的同事利用双途径模型开发了一种 HOR/HER 动力学分析方法，用来描述催化剂表面在整个相关电位区域的复杂动力学行为。与许多化学反应相似，HER 过程必须克服一定的活化能垒才能完成。图 7.3（b）显示了使用四个拟合的标准自由能[$\left(\Delta G_{+H}^{*0}\Delta G_{-V}^{*0}\right)$，$\Delta G_{ad}^{0}$，$\Delta G_{+H}^{*0}$，$\Delta G_{-V}^{*0}$]构建的自由能图，用于显示 Volmer-Tafel 或 Volmer-Heyrovsky 反应途径中 HOR（正方向）和 HER（负方向）

的反应能垒。Tafel 反应在 0V 下的活化势垒比 Heyrovsky 反应的活化势垒要低，表明 Volmer-Tafel 途径在过电位较小时占主导地位，Tafel 步骤是 Pt 表面的速率决定步骤（$\Delta G_{HH}^{*0} > \Delta G_{-V}^{*0}$），这与由 Tafel 斜率推导的结果一致。反应势垒与电极电位有关，Nørskovet 等开发了一种两步外推方案，可以推导出不同电极电位下的势垒值。DFT 计算表明，化学势 μ 与电极电位 U 的关系为：$\mu=-eU$，其中 e 为转移电荷。从反应（7-1）和反应（7-2）可以明显看出，Volmer 态（2H$^+$+2e$^-$）比 H$_2$ 态改变了 2U，而 Heyrovsky 态（1H$^+$+ 1e$^-$+H*）变化了 1U 加上 H 的吸附能量，表明这是一个势垒最小的途径。

如前文所述，在过渡金属晶格中引入非金属原子形成过渡金属化合物（TMC）可以显著调整母金属的 d 带，使氢吸附自由能向热中和状态靠拢，然而，在 HER 活性方面仍有很大的改进空间。理论计算表明，进一步将外来非金属原子掺入 TMC 晶格中制备用于 HER 催化的二元非金属 TMC 可以通过调整电子结构和能带隙以及扭曲母体 TMC 的晶格使氢吸附自由能更接近热中和状态。沿着这条研究路线的不懈努力确实为 HER 带来了优越的催化剂，提供了与 Pt 相当的催化特性，这是本节所讨论的主要主题。下面将详细介绍和讨论二元非金属纳米管的可控的物理化学结构与性能之间的关系。

7.2　用于析氢反应的二元非金属过渡金属化合物

在耐用和可靠的电催化剂的设计过程中，利用火山图对每个反应中吸附质吸附强度不同的催化剂的可用性可预测每个催化剂在特定反应中的最佳性能，以及实现中间物的最佳吸附能。在过渡金属化合物晶格中引入外来非金属原子可以引起母体 TMC 电子结构的显著调整，使氢吸附自由能更接近热中性状态，从而使电极对 HER 具有更好的催化性能。此外，加入或大或小半径的外来非金属原子会导致 TMC 晶格扭曲，导致吸附分子的键断裂，从而增加活性位点，提高 HER 性能。更重要的是，外来非金属原子的掺入可以使带隙更小，从而使导电性能比母体 TMC 更好，易于电催化。因此，近年来双非金属催化剂作为 HER 电催化剂的应用引起了人们的极大兴趣。

7.2.1　过渡金属硫硒化物（MSSe）

如果掺杂原子在尺寸、价态和配位方面匹配良好，在 TMC 中掺入外来原子是一种可以根据掺杂原子改变其结构和性质的技术。由于 S 和 Se 的相似性，其中一个可以不相分离地掺杂到另一个形成的化合物中。通过对 SnSe$_2$ 体系掺杂 S 的第一性原理计算，预测了 S 掺杂化合物可能产生的有用的电子和光学性质，并发现由于形成能为负，$SnSe_{2(1-x)}S_{2x}$ 合金可以通过 S 取代 $SnSe_2$ 单层中的 Se 原子而形成。实验证明，化学成分可调的 $SnSe_{2(1-x)}S_{2x}$ 合金纳米片可被成功合成，并证明了随着 Se 含量的增加，$SnSe_{2(1-x)}S_{2x}$ 合金纳米片的带隙可以从 2.23 eV 离散调制到 1.29 eV。Komsa 等的理论研究进展也表明，硒原子掺杂可能会调节 MoS_2 纳米片的电子结构和能带结构。

应用有效的能带结构方法，从图 7.4 可以看出，$MoS_{2(1-x)}Se_{2x}$ 合金的能带结构的总体特征与它们的二元组分(MoS_2 和 $MoSe_2$)相似。最重要的是，在硫化物亚晶格中，短程原子排列有利于在最近邻位点出现不同的原子，表明硒异质原子进入 MoS_2 晶格是一个简单的热分解过程。Nørskovet 利用 DFT 计算确定了 MoS_2、$MoSe_2$、WS_2 和 WSe_2 活性边缘位点上的氢吸附自由能。他们发现，氢气在 MoS_2 中的硫化边缘 Mo 原子(ΔG_H 约为 0.08 eV)和 WSe_2 中的硒化边缘 W 原子(ΔG_H 约为 0.17 eV)上的吸附作用稍弱，而在 $MoSe_2$ 中的硒化边缘 Mo 原子(ΔG_H 约为 0.04 eV)和 WS_2 中的硫化边缘 W 原子(ΔG_H 约为 0.04 eV)上的吸附作用增强。因此，通过设计二元非金属 $MoS_{2(1-x)}Se_{2x}$ 和 $WS_{2(1-x)}Se_{2x}$ 合金来实现热中性的 ΔG_H 是合理的，因此，通过改变 S/Se 比例可以获得更高的 HER 活性。

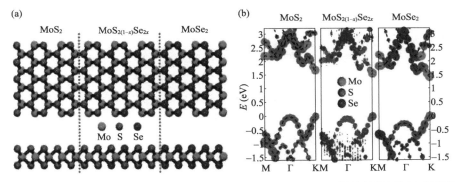

图 7.4　(a) MoS_2 (左)、$MoS_{2(1-x)}Se_{2x}$ 合金(中)和 $MoSe_2$ (右)的原子结构的俯视图和侧视图；
(b) MoS_2、$MoS_{2(1-x)}Se_{2x}$ 合金和 $MoSe_2$ 的有效能带结构图

Yan 等首次开发了具有比原始 $MoSe_2$ 更高 HER 活性的超薄 S 掺杂的 $MoSe_2$ 纳米片，它们在 30 mA·cm^{-2} 的电流密度下表现出高活性 HER 电催化，过电位为 156 mV，Tafel 斜率为 58 mV·dec^{-1}。这项研究表明，通过将 S 原子替换掺杂到 $MoSe_2$ 化合物中，它的活性得到了改善。Sampath 的研究小组报告，与原始的少层 MoS_2 和 $MoSe_2$ 相比，少层硫化钼[$MoS_{2(1-x)}Se_{2x}$]纳米片具有更高的 HER 活性，当 S 和 Se 的摩尔比为 1∶1 时，HER 活性最高。其研究表明，通过调节靶材料的组成，可以很容易地调节电催化活性，即当 Se/S 掺入时，MoS_2/$MoSe_2$ 的可调电

子结构可能有利于实现高 HER 活性。Xue 等分别以 Se 粉和硫代乙酰胺为 Se 前驱体和 S 前驱体，通过一步水热法合成了分级结构的超细的 $MoS_{2(1-x)}Se_{2x}$ 纳米片。通过调整 S/Se 前驱体比率，实现了对最终产品的组成和化学结构的良好控制。分级结构的 $MoS_{2(1-x)}Se_{2x}$ 纳米片对 HER 具有优异的铁磁性和电催化性能，其中 $MoS_{0.98}Se_{1.02}$ 纳米片具有最高的 HER 活性，Tafel 斜率为 57 $mV·dec^{-1}$，达到 10 $mA·cm^{-2}$ 的电流密度时过电位为 271 mV。Duan 的研究小组使用一种非常简单的一步温度梯度辅助化学沉积方法同时合成了原子级超细的均匀的 $MoS_{2(1-x)}Se_{2x}$ 合金三角形纳米片，其成分在 $0 \leqslant x \leqslant 1$ 区间可以完整调控。纳米片显示出完全可调的化学成分和光学性质，表明其在功能性纳米电子和光电子器件中具有潜在的应用。Liu 等通过高温溶液法制备了单层或少层厚度的超薄合金钼硫亚砜基 $MoS_{2(1-x)}Se_{2x}$ 纳米片，并观察到，当 x 从 0 增加到 1 时，成功制备不同成分的 $MoS_{2(1-x)}Se_{2x}$ 合金，化学成分完全可调，没有相分离。研究人员证明，硒的掺入不断调节钼的 d 带电子结构，从而调节氢吸附自由能，提高电催化活性。

与钼磷化物[$MoS_{2(1-x)}Se_{2x}$]一样，钨磷化物[$WS_{2(1-x)}Se_{2x}$]的形成改变了钨的 d 带电子结构的性质，产生了热中性氢吸附自由能和高的 HER 活性。由于 S 的 p 轨道位于比费米能级低得多的能级，金属的 d 轨道的填充决定了 WS_2 化合物的性质。一般来说，WS_2 的价带最大值（valence band maximum，VBM）主要由 d_{z^2} 轨道组成，导带最小值（conduction band minimum，CBM）主要由 $d_{x^2-y^2,xy}$ 轨道组成，单层 WS_2 的带隙为 1.58eV。虽然与金属原子相比，硫族原子对电子结构的影响很小，但 W 和硫族原子之间的相互作用是调整 d 带结构的一个重要因素。当 Se 原子在 $WS_{2(1-x)}Se_{2x}$ 合金中取代 S 原子时，由于 Se 原子的电负值比 S 原子低，W 和 Se 之间的结合变得更加共价，导致全充满的 d 价带变宽，因此，单层 $WS_{2(1-x)}Se_{2x}$ 的可调控带隙是通过改变 Se 和 S 的比例来实现的。Xiang 等报告了首次使用化学气相沉积法在单层 $WS_{2(1-x)}Se_{2x}$ 三角形域中通过改变 Se 含量实现带隙可调控。与单层 WSe_2（100 $mV·dec^{-1}$）和 WS_2（95 $mV·dec^{-1}$）相比，单层 $WS_{2(1-x)}Se_{2x}$ 合金的 Tafel 斜率较低，为 85 $mV·dec^{-1}$，过电位最低（约 80 mV）和交换电流密度最大。本节还发现，与其他人报告的 WS_2 相比，样品表面残留的聚甲基丙烯酸甲酯导致样品和玻碳电极之间的非欧姆接触可能是产生更大 Tafel 斜率的原因。

活性金属硫硒化合物在导电基底，如碳纤维、3D 石墨烯、金属泡沫等上直接生长，将有利于电子从电极材料转移到集流体，加速 HER 进程。为了找到具有高比表面积、高孔隙率和良好导电性的合适载体，研究人员使用化学气相沉积法在碳纤维上制备了 S 和 Se 含量可控的 $WS_{2(1-x)}Se_{2x}$ 纳米管，其中制得的 $WS_{0.96}Se_{1.04}$ 纳米管具有丰富的活性中心和较高的电导率，并表现出较好的析氢电催化性能，具有较低的过电位（电流密度为 10 $mA·cm^{-2}$ 时电位为 260 mV），较高的交换电流密度(0.029 mA·cm^{-2})，与 WS$_2$ 和 WSe$_2$ 相比，电荷转移电阻更小(在 128 mV 的过电位下为 204Ω)。

Ren 等报道了一种简单有效的合成高析氢活性 MoS$_{2(1-x)}$Se$_{2x}$/NiSe$_2$ 杂化物的方法。他们首先在氩气氛中对泡沫镍进行直接硒化转化为多孔 NiSe$_2$ 泡沫，然后在金属 NiSe$_2$ 泡沫上直接生长二元非金属 MoS$_{2(1-x)}$Se$_{2x}$ 颗粒[图 7.5(a, b)]。由于 NiSe$_2$ 泡沫基底具有良好的导电性、多孔结构和高比表面积，MoS$_{2(1-x)}$Se$_{2x}$/NiSe$_2$ 杂化物具有超高的电化学表面积，双层电容为 319 mF·cm^{-2}，Tafel 斜率为 42 mV·dec^{-1}。通过密度泛函理论计算发现，MoS$_{2(1-x)}$Se$_{2x}$/NiSe$_2$(100) 和 MoS$_{2(1-x)}$Se$_{2x}$/NiSe$_2$(110) 上的氢吸附自由能降低到 2.7 kcal·mol^{-1}(1 kcal = 4.184kJ) 和 2.1 kcal·mol^{-1}，远低于 MoS$_{2(1-x)}$Se$_{2x}$/MoS$_{2(1-x)}$Se$_{2x}$(8.4 kcal·mol^{-1}) 和 MoS$_2$/MoS$_2$(10.6 kcal·mol^{-1})，如图 7.5(c) 所示。电化学测试表明，MoS$_{2(1-x)}$Se$_{2x}$/NiSe$_2$ 杂化物表现出优异的 HER 性能，在 10 mA·cm^{-2} 的电流密度下具有 69 mV 的低过电位，在 150 mV 时具有 0.3 mA·cm^{-2} 的高交换电流密度和 0.22 s^{-1} 的转换频率[图 7.5(d)]。继 MoS$_{2(1-x)}$Se$_{2x}$/NiSe$_2$ 泡沫混合材料制备成功之后，Ren 的团队使用相同的方法制备 WS$_{2(1-x)}$Se$_{2x}$/NiSe$_2$ 混合材料。WS$_{2(1-x)}$Se$_{2x}$ 与 MoS$_{2(1-x)}$Se$_{2x}$ 具有相似结构，因此 WS$_{2(1-x)}$Se$_{2x}$/NiSe$_2$ 杂化物也具有出色的催化性能，具有大的交换电流密度(0.2 mA·cm^{-2})、低过电位(在 10 mA·cm^{-2} 的电流密度下为 88 mV)、低 Tafel 斜率(46.7 mV·dec^{-1})和良好的稳定性，这比 WS$_2$ 和 WSe$_2$ 催化剂的性能都更好。

除了在 Se/S 掺入时调整 MoS$_2$/MoSe$_2$ 的电子结构外，合金的 HER 性能增强还可以与 S 和 Se 的原子半径相关。在催化领域，特别是在薄膜层的基底面中，TMC 的掺杂可以增加催化位点的密度，主要通过改变形貌以暴露更多位点，或者通过创建额外的催化位点。将 Se 引入 MoS$_2$/WS$_2$ 或 S 进入 MoSe$_2$/WSe$_2$ 晶格会在原始晶体结构的基面上产生轻微的畸变，这是由于 Se 原子的半径比 S 原子的半径大，这会在基底面上产生极化电场，导致吸附分子的键断裂。Hu 的研究团队直接在导电碳布上制备了成分可控的 3D 垂直取向的 MoS$_{2(1-x)}$Se$_{2x}$ 合金纳米片。通过改变 S 和 Se 前驱体的比例，可以很容易地控制新制备的二元 MoS$_{2(1-x)}$Se$_{2x}$ 合金纳米片的 S 和 Se 百分比。DFT 计算表明垂直生长的 MoS$_{2(1-x)}$Se$_{2x}$ 合金纳米片的基底面具有催化活性，表明随着 MoS$_{2(1-x)}$Se$_{2x}$ 合金中 Se 含量(x 值)的增加，氢吸附自由能先降低后增加，当 x 值在 0.33~0.67 之间时，可以实现较好的 HER 性能。

添加掺入其他非金属元素的过渡金属硫化物也已被研究用于高电催化 HER。Xie 课题组研究开发了掺杂氧以产生表面缺陷的 MoS$_2$ 超薄纳米片。随着无序度的增加，掺杂氧 MoS$_2$ 超薄纳米片表面产生更多的不饱和硫原子作为 HER 催化的活性位点，从而通过激活基底面改善电化学析氢性质。同时，氧的掺入有效地降低了 MoS$_2$ 催化剂的带隙，从而提高了本征电导率。此外，人们认为，氧掺杂

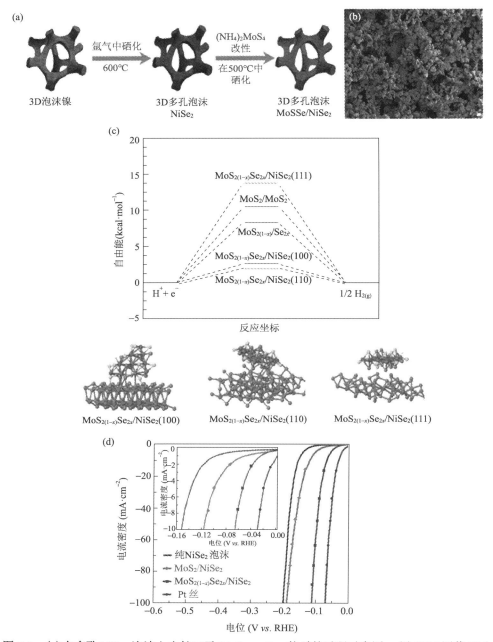

图 7.5 （a）在多孔 NiSe$_2$ 泡沫上生长二元 MoS$_{2(1-x)}$Se$_{2x}$ 粒子的过程示意图；（b）SEM 图像显示了二元 MoS$_{2(1-x)}$Se$_{2x}$ 粒子分布在多孔 NiSe$_2$ 泡沫的形貌；（c）计算出的 MoS$_{2(1-x)}$Se$_{2x}$/NiSe$_2$ 混合物及 MoS$_2$ 和 MoS$_{2(1-x)}$Se$_{2x}$ 催化剂在平衡电位下的氢吸收自由能图；（d）MoS$_{2(1-x)}$Se$_{2x}$/NiSe$_2$ 混合物、MoS$_2$/NiSe$_2$ 混合物和纯 NiSe$_2$ 泡沫电极上的极化曲线与 0.5mol·L^{-1} H$_2$SO$_4$ 溶液中的 Pt 丝电极极化曲线比较

MoS$_2$ 催化剂的 HER 性能得到提高，不仅是由于本征电导率的提高和结构缺陷中有更多活性边缘位点，还由于层间空间的扩大再次提高了掺氧 MoS$_2$ 片的本征电导率。通过在泡沫镍表面原位生长，构建了类富勒烯的氧硫化镍空心纳米球。NiOS/Ni 泡沫复合材料在 1 mol·L^{-1} KOH 溶液中同时具有较高的 HER 和 OER 性能。Jin 等通过温控化学气相沉积法在导电垂直石墨烯上沉积了无定形 MoS$_x$Cl$_y$ 电催化剂。非金属元素 Cl 的合金化改变了非晶态 MoS$_x$ 的电子结构，并在带隙内引入了陷阱态。此外，无定形结构通常呈现出更多的无序和催化活性位点。与结晶 MoS$_2$ 相比，将 Cl 添加到非晶态 MoS$_x$ 中会使其更加无序，从而形成更多的 HER 活性位点，这可以通过与结晶 MoS$_2$ 相比具有更大的双电层电容得到证实。因此，通过将 Cl 掺入 MoS$_x$ 中同时使晶体原子排列无序化增加和电子结构调整成为提高 HER 催化活性的有效方法。Sun 等通过一步溶胶-凝胶法合成了 N 掺杂的 WS$_2$ 纳米片。根据 DFT 计算，他们发现在 N 掺杂的 WS$_2$ 中，N 原子的 p 轨道与最近邻 W 原子的 d 轨道和 S 原子在费米能级的 p 轨道强烈杂化，导致 N 掺杂的 WS$_2$ 单层薄膜具有比原始 WS$_2$ 单层薄膜（1.8 eV）更窄的带隙（1.5 eV）和更小的本征电导率。该催化剂在电流密度 100 mA·cm^{-2} 时过电位约为 200 mV，Tafel 斜率为 70 mV·dec^{-1}。

7.2.2　过渡金属磷硫化物

过渡金属磷硫化物（metal phosphosulfides，MPS），特别是钼磷硫化物和钴磷硫化物作为高活性 HER 电催化剂已引起了人们的极大关注。假设 P 位点对氢吸附和解吸具有活性，预计同时含有 S 和 P 的过渡金属化合物将成为优良的 HER 催化剂。由于较大的原子半径和电子效应引起的电子结构调整（由于 P 的电负性低于 S），应力引起的 d 带中心偏移在调节催化剂活性方面起着至关重要的作用。密度泛函理论计算表明，P 取代 S 可以减少反键轨道 e$_g^*$ 中的电子占据，因为 P 的价电子比 S 的价电子少，从而增强了金属和配体之间的化学键（S/P），从而提高催化剂在析氢反应过程中的化学稳定性。Jaramillo 等首先通过在 MoP 表面引入硫来提高 MoP 的 HER 活性和稳定性。他们发现，利用硫和磷之间的协同作用可以制备出高比表面积电极，其活性高于基于纯硫化物或磷化物的电极。因此，表面生成磷硫化物（MoP|S）的 MoP 具有大交换电流密度（0.57 mA·cm^{-2}）、高 TOF（电压 150 mV 时为 0.75 s^{-1}）、低过电位（10 mA·cm^{-1} 时为 64 mV）和低 Tafel 斜率（50 mV·dec^{-1}），是所有非贵金属电催化剂中具有最高的 HER 活性的催化剂之一[图 7.6（a，b）]。将硫掺入 MoP 表面减轻了磷化物的表面氧化，使阳极扫描的催化剂活性更高，因此，MoP|S 催化剂也具有极好的稳定性，在 1000 次循环后没有明显的过电位增加，而 MoP 催化剂在 10 mA·cm^{-2} 的电流密度下过电位增加了 10

mV。Tour 和同事通过用不同数量的红磷对大块颗粒 MoS$_2$ 进行退火，形成具有不同 S/P 比的钼磷硫化物[MoS$_{2(1-x)}$P$_x$]，从而提高了 MoS$_2$ 和 MoP 的活性。与 MoS$_2$[图 7.6(c)]相比，MoS$_{0.94}$P$_{0.53}$[图 7.6(d)]的 STEM 图像变得更不规则，有部分变形，表明磷掺入后基底面产生应变。DFT 计算进一步表明，MoS$_{2(1-x)}$P$_x$ 合金的 HER 活性增强是由于与原始 MoS$_2$ 相比，P 合金的 MoS$_2$ 基底面上的氢吸附自由能更低，因为当 H 结合在 P 合金 MoS$_2$ 表面时，电子更容易转移到 P 的 d 轨道[图 7.6(e，f)]。

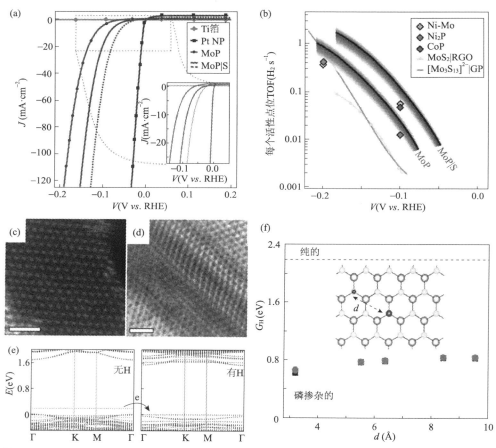

图 7.6　(a)MoP 和 MoP|S 的线性扫描伏安曲线，实线和虚线分别表示负载约为 1 mg·cm^{-2} 和 3 mg·cm^{-2} 的 MoP|S 样品；(b)MoP 和 MoP|S 的 TOF 以及 Ni-Mo、Ni$_2$P、CoP、MoS$_2$ 和[Mo$_3$S$_{13}$]$^{2-}$ 催化剂的 TOF；(c)MoS$_2$ 基面结构的高分辨率 STEM 图像；(d)MoS$_{0.94}$P$_{0.53}$ 的高分辨率 STEM 图像；(e)无(左)和有(右)H 吸附的磷合金 MoS$_2$ 的能带结构；(f)H 在原始 MoS$_2$ 表面(虚线)和 P 合金表面(点)上的吸附自由能是 H 和 P 之间平面内距离的函数

　　黄铁矿型金属二硫化钴(CoS$_2$)是一种对 HER 具有高催化活性的材料。为了进一步提高 CoS$_2$ 催化剂的 HER 活性和稳定性，研究人员进行了磷掺杂以构建高

活性黄铁矿型硫化钴(CoP|S)。通过磷掺杂，可以优化 CoS_2 的表面性质，促进电荷转移和促进质子吸附，以更有效地催化 HER。与由 Co^{2+} 八面体和 S_2^{2-} 哑铃组成的 CoS_2 不同，CoP|S 的晶格常数比 CoS_2 小，由 Co^{3+} 形成的八面体和哑铃状结构，再与均匀分布的 P^{2-} 和 S 原子结合。由于 Co 八面体包含比 S 配体具有更高给电子特性的 P^{2-} 配体，在开放 P 位上吸附氢后，将 Co^{3+} 位点还原为 Co^{2+}，然后在随后的 Co 位点上的氢吸附将 Co^{2+} 氧化回 Co^{3+}，致使 Co^{2+} 和 Co^{3+} 之间自发转换，相邻 Co 位点处的吸附氢自由能变得自发且几乎是热中性的。因此，CoP|S 电极在低至 48 mV 的过电位下实现了 $10\ mA\cdot cm^{-2}$ 的催化电流密度[图 7.7(c)]。P 取代对材料的化学稳定性和催化耐久性至关重要。与在不到 30min 内电流密度急剧下降 70% 的母体 CoS_2 催化剂相比，CoP|S 催化剂能够在连续运行 20 h 后维持 $10\ mA\cdot cm^{-2}$ 的电流密度。根据投影态密度分析，P 取代显著影响 Co 和 S/P 之间化学键的性质，而且每个 Co 原子在黄铁矿结构中的八面体配位场中配位[图 7.7(d)]。研究人员推断，当一半的 S 原子被在 CoS_2 的黄铁矿结构中具有较少价电子的 P 取代时，反键 e_g^* 轨道没有电子占据，这加强了 Co 和配体(S/P)之间的化学键，从而提高了催化剂在析氢过程中的化学稳定性[图 7.7(e, f)]。以上例子进一步证实 S 和 P 可以相互调节电子结构性质以产生活性催化剂相。

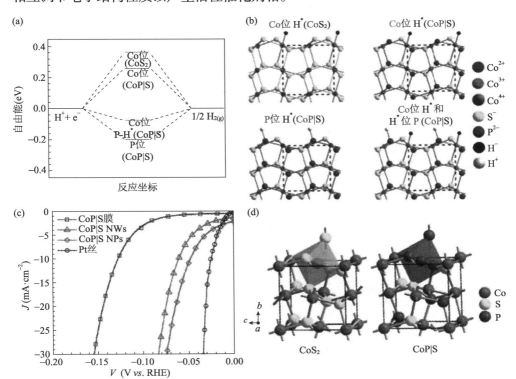

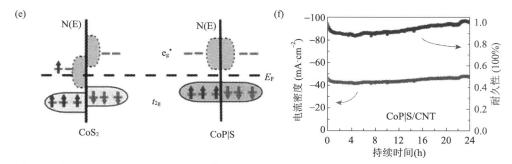

图 7.7　(a) CoS_2(100) 表面 Co 位氢(H^*) 吸附的自由能图和 (b) 结构示意图以及在 CoP|S100) 表面 P 位 H^* 吸附后的 Co 位、P 位和 Co 位氢(H^*) 吸附的结构示意图；(c) CoP|S 电极与铂丝的校正后的 J-V 曲线；(d) 黄铁矿相 CoS_2 和 CoP|S 的结构示意图，每个都有一个代表性的配位多面体；(e) 根据计算的电子结构得出黄铁矿相 CoS_2 和 CoP|S 前沿分子轨道的概念能级图；(f) 在恒定过电位为 95 mV(iR 校正后) 的条件下，在 CoP|S/CNTs 电极上记录的 J-t 曲线及耐久性曲线

　　与一些准金属 TMC(如 CoS_2) 相比，金属磷硫化物(MPS) 的价电子更少，因此它们是半导体，如 CoP|S。电催化剂材料与导电基板的集成通常会提高电催化性能和稳定性，因为将电催化剂直接锚定到坚固的导电载体上可以降低接触电阻。载体和催化剂材料之间的电子偶合也可以协同提高催化剂的本征活性。研究人员试图通过在导电基底，如碳纤维纸、石墨烯、泡沫镍等碳材料上直接生长金属磷硫化物来提高它们的导电性。如，Ouyang 等通过对 CoS_2 纳米片进行磷化处理，在碳纤维纸上制备了 P 掺杂的 CoS_2 纳米片阵列。在 MoS_2/rGO 复合物对 HER 具有很高活性的鼓励下，Sampath 等将层状三元钯磷硫化物(PdP|S) 与还原氧化石墨烯(rGO) 复合用于析氢反应。与纯 PdP|S 相比，rGO-PdP|S 的电子电导率增加将有利于 HER 的电子转移，从而导致 46 mV·dec^{-1} 的超低 Tafel 斜率。使用与 rGO-PdP|S 复合物类似的生长过程合成了 rGO-$FeP|S_3$，其中包含 S 和 P 作为有利于氢吸附的位点。制备的 rGO-$FeP|S_3$ 复合材料具有良好的 HER 性能，其 Tafel 斜率为 45 mV·dec^{-1}，交换电流密度为 1mA·cm^{-2}。经研究，研究人员认为 rGO-$FeP|S_3$ 复合材料 HER 活性的增强可能源于 rGO 的存在提高了电导率。

　　与过渡金属磷硫化物一样，硒掺杂或氧掺杂过渡金属磷化物的形成改变了金属的 d 电子结构的性质，从而产生了可调控的催化性能。Jin 等研究了一系列黄铁矿相磷硒化镍(NiP|Se) 纳米材料的结构和活性，他们通过 Ni(OH)$_2$ 纳米片的简易热转换及调整磷和硒的原料比，合成了一系列黄铁矿相磷硒化镍材料——NiP_2、Se 掺杂的 NiP_2($NiP_{1.93}Se_{0.07}$) 及 P 掺杂的 $NiSe_2$($NiP_{0.09}Se_{1.91}$) 和 $NiSe_2$。结果表明，硒掺杂的 NiP_2($NiP_{0.09}Se_{1.91}$) 具有最高的 HER 活性，在低至 84 mV 的过电位和 41 mV·dec^{-1} 的小 Tafel 斜率下，可以实现 10 mA·cm^{-2} 的电催化电流密度，再次说明通过在现有电催化剂中掺杂或合金化非金属元素可以提高 HER 催化活性。Qiao

和同事开发了一种双功能催化剂电极 (Fe 和 O 共掺杂 Co_2P-Co|FeP|O)，该电极生长在泡沫镍上，可以实现整体水分解。

人们认为，阳离子和阴离子之间的原子调制能够增加电催化剂中的活性中心，因此其在优化电催化活性方面起着重要作用。Zhang 等合成了 O 掺杂 MoP 和 O 掺杂 CoP 纳米颗粒，分别嵌入层状石墨烯 (rGO) 中用于 HER 和 OER [图 7.8 (a)]。他们发现，在过渡金属磷化物中引入 O 原子不仅可以提高其本征导电性，还可以通过延长 M-P 键来激活活性位点，有利于 HER [图 7.8 (b)] 和 OER [图 7.8 (c)]。第一性原理计算表明，掺 O 的 TMP 可以在费米能级上实现更高的态密度 (DOS)，表明本征电导率得到增强。扩展 X 射线吸收精细结构 (extended X-ray absorption fine structure，EXAFS) 测量表明，与 MoP 和 CoP 相比，掺 O 的 MoP 和 CoP 的配位都分别略有正移 [图 7.8 (d, e)]，表明 O 原子存在时导致配位不饱和或表面结构无序性增加。如图 7.8 (f) 所示，纯 MoP 的 ΔG_H 远小于零，而在 1O-P-MoP 复合物的 3/4 单层 H 覆盖率或 2O-P-MoP 复合物的 2/4 单层 H 覆盖率下，O 掺杂 MoP 的 ΔG_H 接近为零。对于 OER，计算得出的 *OOH 在 CoO_x/CoP 上的吸附能为 2.42 eV，而在 CoO_x/O 掺杂的 CoP 化合物中，该吸附能降至 2.19 eV，表明 O 掺杂后容易形成 *OOH [图 7.8 (g)]。

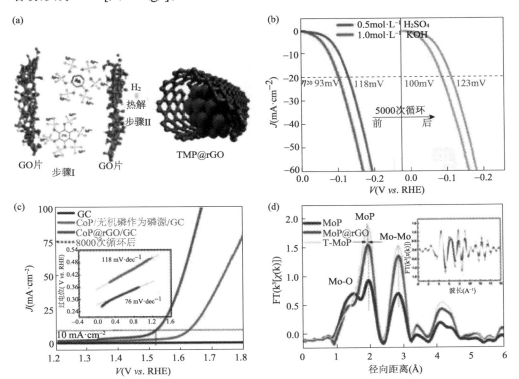

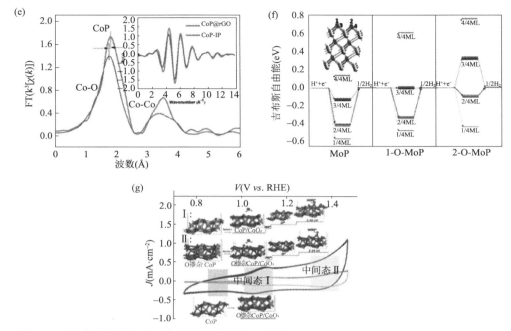

图 7.8　（a）由热解锌杂多酸交联复合物合成 O 掺杂的 TMP@rGO 的工程示意图；（b）在 0.5 mol·L^{-1} H$_2$SO$_4$ 和 1 mol·L^{-1} KOH 中测得的 MoP 极化曲线（左）和在 20 mV s^{-1}（右）下 5000 次扫描后的曲线；（c）各种 MoP 模型中自由能和 HER 的关系曲线；　Mo（d）和 Co（e）K 边 EXAFS 振荡函数 $k^3[\chi(k)]$（内插图）及其相应的傅里叶变换（Fourier transform，FT）；（f）各种 MoP 模型中自由能与 HER 的反应坐标的关系（1-O-P-MoP 和 2-O-P-MoP 意味着一个氧原子或两个氧原子取代 P 进入 MoP 模型）。银和粉红色分别表示 Mo 和 P 原子。计算模型是用第一层上的四个 P 原子设计的（插图），因此 H 覆盖范围可以从 1/4 ML 更改为 4/4 ML；（g）具有不同形貌 CoP 催化剂在 1 mol·L^{-1} KOH 中的极化曲线，以及 5000 次扫描后的曲线（虚线）

7.2.3　过渡金属碳氮化物（MCN）

　　近来研究表明，在几种催化反应中具有与铂催化性质相当的过渡金属碳化物和氮化物是析氢反应的有效催化剂，因此过渡金属碳化物和氮化物是有潜力替代Ⅷ族贵金属的廉价催化剂。众所周知，过渡金属碳化物和氮化物的电催化性能与材料的电子结构性质有关。理论能带计算表明，碳化物和氮化物的电子结构涉及与金属-金属键重排有关的金属键、金属和非金属原子之间形成共价键以及金属和非金属原子之间的离子键的协同效应。其中，电荷转移的方向和数量以及对金属 d 带的调整作用是影响其电子结构的两个最重要的因素。

　　碳负载 Mo$_2$C 的 X 射线吸收分析表明，从 Mo 到 C 的电荷转移降低了 Mo 的 d 带中心，从而降低了其氢键能，这种效应反过来有利于 H$_{ads}$ 的电化学脱附。W-N 键比金属钨或碳化钨具有更多的离子特征，因此 Zhao 等提出了氮掺杂过渡金属碳化物的新方法，通过进一步降低其氢键结合能来提高碳化钨的催化活性。他们以聚二氨基吡啶(Polydiaminopyridine，PDAP)为碳源和氮源，Na_2WO_4 为钨源制备碳氮化物纳米颗粒[图 7.9(a)]。众所周知，铁在热解过程中充当石墨化催化剂，因此可以利用少量铁来协助富氮碳氮化钨(Fe-WCN)的合成。XPS 表明，随着 Fe-WCN 材料中 N 原子含量的增加，W 的结合能不断降低[图 7.9(b)]。人们认为，

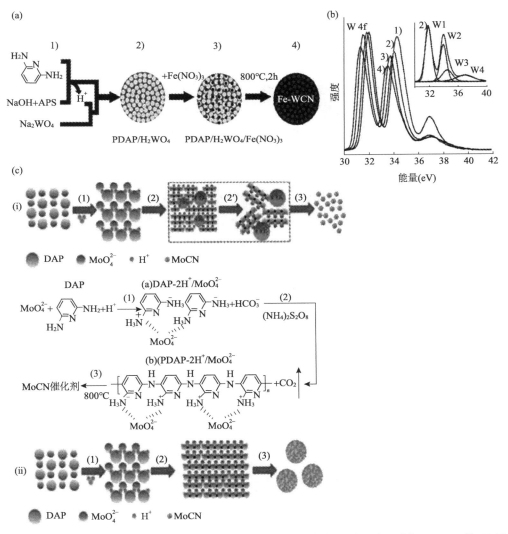

图 7.9　(a)Fe-WCN 材料的合成，其中灰点为 H_2WO_4，黑点为 $Fe(NO_3)_3$；(b)Fe-WCN 的 W 4f 光谱：①Fe-WCN-700；②Fe-WCN-800；③Fe-WCN-900 和④在不同温度下制备的 Fe-WCN-1000 催化剂，插图为 Fe-WCN-800 的分峰拟合的 XPS W 4f 光谱，其中 W1 和 W2 是 N 键合 W 原子，W3 和 W4 是 O 键合 W 原子；(c)(i)PDAP-MoCN-CO_2 和(ii)PDAP-MoCN 催化剂的合成步骤

由于 WN 中的 W 原子比 WC 中的 W 原子具有更高的正电性，因此掺入 WC 中的氮使 W 的 d 带中心进一步下移。Fe-WCN 催化剂在酸性和碱性介质中均具有较高的 HER 活性，其在酸性介质中的 HER 过电位约为 100 mV，Tafel 斜率约为 47 mV·dec^{-1}。受碳氮化钨成功制备的启发，Zhao 等通过使用原位 CO_2 排放法，在聚合反应过程中大力生成 CO_2 气泡，成功合成了具有高催化活性中心密度和有效表面积的 MoCN 纳米材料催化剂[图 7.9(c)]。新制备的 MoCN 催化剂的起始电位为 50 mV，达到 10 mA·cm^{-2} 的电流密度时过电位为 140 mV。Hu 等以磷钼酸为钼源和磷源，聚吡咯为氮源和碳源制备了 N、P 共掺杂的 $Mo_2C@C$ 纳米球。石榴状的 $Mo_2C@C$ 是以多孔 N 掺杂碳壳层为外层，N、P 掺杂 Mo_2C 纳米晶为内核的纳米球，在 1 mol·L^{-1} KOH 电解质中，其对 HER 表现出非凡的电催化活性，在 10 mA·cm^{-2} 时具有极低的过电位 47 mV，Tafel 斜率为 68 mV·dec^{-1}。

Sasaki 等提出了金属碳化物和氮化物杂化的概念，以增强 HER 催化性能。他们报道了原位固相反应法制备的石墨烯纳米片负载 W_2C-WN 的纳米复合物。与 W_2C 相比，$W_{0.5}$Ani/GnP（Ani 指苯胺；GnP 指石墨烯纳米片）的 X 射线吸收近边结构（X-ray absorption near edge structure，XANES）表明在氮化物存在下钨的 d 带中心进一步下降。氮化物与碳化物的最佳比例为 1∶1，这使 M-H 结合强度适中，从而提高 HER 活性。将 W_2C-WN 纳米颗粒掺入石墨烯纳米片可显著增强其 HER 动力学活性，在 10 mA·cm^{-2} 时具有 120 mV 的较小过电位，并且由于电荷转移电阻显著降低（η=100 mV 时为 12.7Ω），电子传输加快，并且稳定产氢的催化活性超过 300 h。研究人员提出，WN 的存在减小了材料表面的 M-H 结合强度，抑制了氧化钨的形成，从而增强了 W_2C-WN 的 HER 活性。Xi 等报道了一种简便的氮化/剥落工艺，以制备含有 NiC 和 Ni_3N 的混合 Ni-C-N 纳米片。Ni-C-N 纳米片的催化性质与普通 Pt 催化剂类似，在所有 pH 下均能保持催化活性 70 h 以上，且无明显电流降。超低起始电位（34.7 mV）和过电位（电流密度为 10 mA·cm^{-2} 时为 60.9 mV）表明 Ni-C-N 纳米片催化剂是当时报道的酸性电解质中 HER 最活跃的非铂催化剂之一。

图 7.10 中总结和比较了一些典型的二元非金属 TMC 催化剂的 HER 性能特征。二元非金属 TMC 催化剂有非金属掺杂的过渡金属磷化物（X-MP）、非金属掺杂的过渡金属氮化物（X-MN）和非金属掺杂的过渡金属硫化物（X-MS）；HER 性能特征包括过电位和 Tafel 斜率。从图中可以看出，与非金属掺杂的过渡金属氮化物（X-MN）和硫化物（X-MS）相比，非金属掺杂的过渡金属磷化物（X-MP）表现出较低的过电位和较低的 Tafel 斜率。因此，未来的研究应致力于阐明这些结果的基本机理，通过对析氢反应催化剂的形貌和晶体结构的精确控制，解决析氢过程中的界面吸附和原子/分子传输等问题，就有望进一步提高二元非金属 TMC 催化剂的析氢反应电催化性能，并实现其作为 Pt 基析氢反应催化剂的替代品。

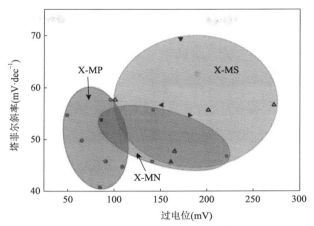

图 7.10　一些典型的二元非金属 TMC 催化剂的 HER 性能，包括电流密度为 $10\,mA\cdot cm^{-2}$ 时的过电位和 Tafel 斜率，如非金属掺杂的过渡金属磷化物（X-MP）、非金属掺杂的过渡金属氮化物（X-MN）和非金属掺杂的过渡金属硫化物（X-MS）

7.3　析氧反应的基本原理

本节将介绍析氧反应（OER）催化作用的基本评价方法。通过达到特定电流密度的外加电位（E）和平衡电位（E_{eq}）[式（7-8）]之间的差值计算的过电位（η）是评估 OER 催化剂性能的关键和最常用的参数。E_{eq} 是半反应热力学确定的还原电位，E 是实验观察到发生氧化还原反应的电位。通常，η 是在电流密度为 $10\ mA\cdot cm^{-2}$ 时 OER 开始进行时计算的电位差值[式（7-8）]，这对应于在 1 个模拟太阳灯照射下 10%的太阳能转化为氢气的效率。过电位的存在意味着电池需要比热力学上预期的更多能量去驱动反应，因此，过电位越低，OER 活性越高。

$$\eta = E - E_{eq} \tag{7-8}$$

Tafel 斜率（b）描述了电位/过电位对稳态电流密度的影响，是评估 OER 动力学的另一个关键参数；b 的值可以通过式（2-9）计算，其中 R、T 和 F 分别是摩尔气体常数、热力学温度和法拉第常数；α 是与 Tafel 斜率高度相关的传递系数。据报道，如果 $b=120\ mV\cdot dec^{-1}$，速率决定步骤主要由单电子转移步骤控制；如果 $b=60$ $mV\cdot dec^{-1}$，则表明单电子转移反应后的化学反应是速率决定步骤；如果 $b=30$ $mV\cdot dec^{-1}$，则速率决定步骤为第三个电子转移步骤；因此，从 Tafel 斜率的值，可以大致确定 OER 的速率决定步骤。通常较小的 Tafel 斜率表明反应动力学很快，速率决定步骤应该在反应的结束部分。因此，具有较小 Tafel 斜率的催化剂通常表现出良好的 OER 催化活性。然而，应注意的是，如果使用面电流密度，Tafel 斜率往往过高，因为面电流密度通常小于比电流密度。此外，由于 Tafel 斜率的假设过于简单，因此无法准确描述 OER 催化剂的性能。

$$b = \frac{2.303RT}{\alpha F} \tag{7-9}$$

转换频率(TOF)是指单位时间内的转化数，表示每次通过一摩尔活性位点转化为所需产物的总摩尔数。因此，TOF 决定了催化剂的活性水平，由式(7-10)可得，其中 J 是指定过电位下的电流密度，A 是电极的面积，m 是沉积在电极上的活性材料的摩尔数。此外，有人提出，不同过电位的 TOF 可能不同，因此，当展示 TOF 时，应提供外加过电位的值。

$$TOF = \frac{JA}{4Fm} \tag{7-10}$$

交换电流密度(I_0)定义为 $\eta=0$(J)处的电流除以表面积(A)；I_0 的大小反映了反应物和催化剂之间的固有电荷转移[式(7-11)]。I_0 越高，催化性能越好。I_0 也可以用式(7-12)来表示，其中 k 是速率常数，ρ 和 ω 分别是还原反应物和氧化反应物的反应级数。

$$I_0 = \frac{J}{A} \tag{7-11}$$

$$I_0 = k[\text{Red}]^{\rho}[\text{Ox}]^{\omega} \tag{7-12}$$

与交换电流密度不同，面电流密度(J_g)由在一定过电位下由几何表面积归一化的电流密度得出。J_g 对开发水分解器件具有实际意义，然而，由于实际表面积大于几何表面积，它通常高估了催化剂的电化学性能。图 7.11 显示了分别使用 Brunauer-Emmett-Teller(BET)比表面积、电化学(EC)表面积和几何表面积计算的电流密度得出的 Co_3O_4 和 IrO_2 的 Tafel 斜率。从图 7.11 中还可以看到，就几何表面积而言，Co_3O_4 的 Tafel 斜率小于 IrO_2 的 Tafel 斜率。人们可能急于得出结论，Co_3O_4 的 OER 性能优于 IrO_2。然而，如果使用 BET 比表面积或 EC 表面积，Co_3O_4 的性能不如 IrO_2，这表明采用的活性表面积对于确定催化剂的性能非常重要。通常使用的表面积越精确，获得的电流密度越精确，从而能对催化剂进行越精确的评估。

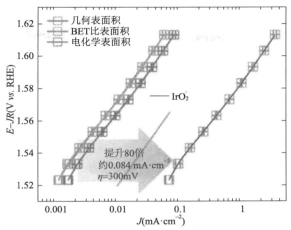

图 7.11　表面积对催化剂评价的影响：在 300℃下制作的 IrO$_2$ 和 Co$_3$O$_4$ 上 OER 的 Tafel 图，其中 OER 电流分别用几何表面积、BET 比表面积和电化学表面积归一化

　　了解 OER 的机理对设计新型 OER 催化剂具有重要意义，因此，在介绍层状双氢氧化物（LDH）的反应特性之前，先讨论 OER 的一般机理。催化循环如图 7.12 所示，催化机理通常有两种，分别是缔合机制和氧-氧偶合机制。缔合机制有四个基本步骤[式(7-13)~式(7-16)]：氢氧根阴离子缔合形成吸附的 OH，伴随着失去一个电子，OH 生成活性氧中间体 O，再伴随着失去一个电子并生成一个水分子，氢氧根阴离子亲核攻击吸附的 O 并释放一个电子形成 O—O 键，产生 OOH，形成一个氧分子，释放一个电子和一个水分子，以再生催化剂并完成催化循环。对于氧-氧偶联机理[式(7-13)、式(7-14)和式(7-17)]，在生成氧中间体 O 后，伴随催化剂再生，将生成一个氧分子。对于缔合机制，根据密度泛函理论（DFT）计算，由于较大势垒，OOH* 的形成通常被视为速率决定步骤。对于氧-氧偶合机制[式(7-13)、式(7-14)和式(7-17)]，两个氧之间的偶合应该具有非常高的动力学势垒，因此是速率决定步骤。

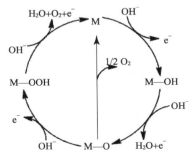

图 7.12　碱性条件下过渡金属基催化剂 OER 的催化循环图

$$M + OH^- \longrightarrow M - OH + e^- \tag{7-13}$$

$$M - OH + OH^- \longrightarrow M - O + H_2O + e^- \tag{7-14}$$

$$M - O + OH^- \longrightarrow M - OOH + e^- \tag{7-15}$$

$$M - OOH + OH^- \longrightarrow M + H_2O + O_2 + e^- \tag{7-16}$$

$$M - O + M - O \longrightarrow M + O_2 \tag{7-17}$$

在上述过程中，OOH^* 的形成涉及氧从 O^* 氧化为 OOH^*，这通常认为是速率决定步骤，因此具有高氧化能力的 LDH 将促进 OOH^* 的形成。此外，OER 涉及金属氧键的形成和断裂，一般情况下，具有优异 OER 活性的催化剂应具有适当的氧键强度，既不太强也不太弱。由于 LDH 的氧化能力和氧结合能随过渡金属的变化而变化，因此过渡金属对 LDH 的 OER 活性具有重要影响。从这个角度来看，将重点研究化学成分对 LDH 的氧结合能和氧化能力的影响，以下将重点讨论用于 OER 的一元、二元和三元过渡金属基 LDH 的催化性能。

7.4　用于析氧反应的过渡金属基层状双氢氧化物

7.4.1　一元金属基层状双氢氧化物

一元金属基层状双氢氧化物(LDH)的 OER 活性有限，但由于其结构简单，为了解 LDH 的本征 OER 活性提供了理想的平台。本节首先介绍镍基 LDH，其次是铁基 LDH、钴基 LDH 以及报道的 V 基 LDH。由于过渡金属氢氧化物和过渡金属氧化物/氢氧化物可以通过伯德图相互转换，为简单起见，将过渡金属羟基氧化物视为 LDH。

1. Ⅷ族一元过渡金属氢氧化物/羟基氢氧化物

镍基化合物是应用最广泛的 OER 催化剂。实际上，NiO_x 早在 20 世纪 80 年代就被用于 OER。然而，直到 2012 年 Boettcher 通过电化学调控制备法从 NiO_x 原位生成镍层状双氢氧化物/羟基氧化物时，才再次引起研究人员的关注(图 7.13)。原位生成的双氢氧化镍/羟基氧化镍表现出卓越的 OER 性能，在 1 $mA \cdot cm^{-2}$ 时具有 297 mV 的低过电位，在 1 $mol \cdot L^{-1}$ KOH 中具有 29 $mV \cdot dec^{-1}$ 的极小 Tafel 斜率，在 $\eta=300$ mV 时具有相当大的 TOF(0.17 s^{-1})，优于最先进的 IrO_x 催化剂(1 $mA \cdot cm^{-2}$ 下 $\eta=378$ mV，$b=49$ $mV \cdot dec^{-1}$，1 $mol \cdot L^{-1}$ KOH 下 $\eta=300$ mV 时 TOF=0.0089 s^{-1})。

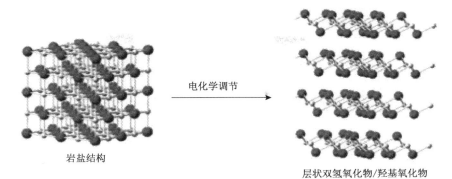

图 7.13　热制备的氧化物原位转化为 NiO_x 的层状双氢氧化物/羟基结构的过程示意图

NiFe LDH 对 OER 催化活性很高,但 NiOOH 和 $Ni(OH)_2$ 对 OER 的作用不明显,因此研究铁基 LDH 的 OER 活性对于了解 NiFe LDH 的催化活性具有重要意义。Friebel 和 Bell 研究了 γ-FeOOH 的本征 OER 活性,发现在 0.1 mol·L^{-1} KOH 溶液中,γ-FeOOH 在电流密度 10 mA·cm^{-2} 时的过电位为 550 mV,虽然小于无铁 γ-NiOOH 的过电位(0.1 mol·L^{-1} KOH 中,10 mA·cm^{-2} 处的 η=660 mV),但它远高于(Ni,Fe)OOH 的过电位(0.1 mol·L^{-1} KOH 中 10 mA·cm^{-2} 时的 η=360 mV)。此外,计算还表明,γ-FeOOH 的过电位为 520 mV,与实验结果吻合良好。Boettcher 也研究了 FeOOH 的 OER 活性,认为虽然 FeOOH 具有较高的 OER 活性,但其导电性较差,仅当过电位大于 400 mV 时,其可测量的导电性为 2.2×10^{-2}mS·cm^{-1}。

与镍和铁类似,剩余的第四周期Ⅷ族过渡金属钴也可以形成层状双氢氧化物结构,当然,人们对它也很感兴趣。Wang 教授团队比较了 α-Co(OH)$_2$、β-Co(OH)$_2$ 和 β-CoOOH 的 OER 活性,发现 α-Co(OH)$_2$ 在 OER 之前会转化为 γ-CoOOH,生成的 γ-CoOOH 保持了 α-Co(OH)$_2$ 的较大层间距,在 0.1 mol·L^{-1} KOH 溶液中 10 mA·cm^{-2} 下,它的过电位为 400 mV,有趣的是,当 η 小于 350 mV 时,Tafel 斜率为 44 mV·dec^{-1},当 η 大于 350 mV 时,Tafel 斜率为 130 mV·dec^{-1}。此外,α-Co(OH)$_2$ 比 β-Co(OH)$_2$ 活性更高,可能是由于 α-Co(OH)$_2$ 中存在较大的层间距离。

具有超薄结构的材料通常具有高的比表面积和暴露表面积,并且空位丰富,具有较多的活性位点,从而具有较高的活性。Pan 和 Wei 的研究团队合成了一种原子层厚度的 γ-CoOOH,其厚度只有 1.4nm。研究人员预期,所制备的 γ-CoOOH 具有非常高的材料利用率和丰富的活性位点,其在 10 mA·cm^{-2} 时 η=300 mV,在 1 mol·L^{-1} KOH 中 Tafel 斜率为 38 mV·dec^{-1},因此其 OER 活性将急剧增加。有趣的是,与原料本体相比,新制备的 γ-CoOOH 具有半金属性质。DFT 计算结果表

明 γ-CoOOH 的半金属性与 CoO_{6-x} 八面体中存在的悬垂键有关。Kang 和 Yao 的研究团队制备了原子厚度的钴基 LDH 并测试了 OER 性能。由于其超薄结构，钴基 LDH 的 OER 活性在 10 $mA \cdot cm^{-2}$ 时具有 340 mV 的过电位，Tafel 斜率为 56 $mV \cdot dec^{-1}$，在 1 $mol \cdot L^{-1}$ KOH 溶液中 η=350 mV 时的 TOF 为 0.801 s^{-1}。除了超薄结构外，更大的层间距也会使钴基 LDH 具有更多的活性位点。其他研究人员也报道，苯甲酸阴离子与 CoOOH 相互作用，层间距高达 14.72Å，这使得水和氢氧化物易于渗透，从而产生更多的活性位点，其在 1 $mol \cdot L^{-1}$ KOH 溶液中电流密度为 50 $mA \cdot cm^{-2}$ 时的过电位仅为 291 mV。

2. V-氢氧化物/氢氧化物

除了被深入研究的Ⅷ过渡金属基 LDH 外，V 和 Mn LDH 化合物也引起研究人员的关注。2012 年，Markovic 研究了 3d 过渡金属氢氧氧化物催化剂 [$M^{2+\delta}O_{\delta}(OH)_{2-\delta}$/Pt(111)] 对 OER 的性能趋势，发现根据 $M^{2+\delta}$—OH 键强度变化（Ni<Co<Fe<Mn），OER 的反应性顺序为 Mn<Fe<Co<Ni。根据 Sabatier 原理，过弱或过强的 M—OH 键会降低 OER 反应活性。铜和锌在 d 轨道中有太多的 d 电子，这会导致氧的 d 电子和 2p 电子之间产生强烈的斥力，因此研究人员预期，Cu(OH)₂ 和 Zn(OH)₂ 会具有较差的 OER 活性。元素周期表中族序号较小的过渡金属，如钛，在 d 轨道中有很少的 d 电子，这导致 M—OH 键非常强，并且被认为对 OER 活性不高。

尽管族序号较小的过渡金属氢氧化物具有很强的 M—OH 键，被认为不利于 OER 的催化活性，但 Liang 和 Wang 等研究人员发现结构类似于纤铁矿 γ-FeOOH 的 VOOH 空心纳米球具有很高的 OER 催化性能，在 10 $mA \cdot cm^{-2}$ 时其过电位为 270 mV，在 1 $mol \cdot L^{-1}$ KOH 溶液中的 Tafel 斜率为 68 $mV \cdot dec^{-1}$。众所周知，V 是一种族序号较小的过渡金属，有利于其高氧化状态（+5 和+4 价态），而 V 在 VOOH 中的氧化状态为+3，因此活性较高，并且 VOOH 经 5000 次循环后反应活性没有明显降低。此外，新制备的 VOOH 在 10 $mA \cdot cm^{-2}$ 下的过电位为 164 mV，Tafel 斜率为 104 $mV \cdot dec^{-1}$，也可以用作 HER 催化剂。总之，VOOH 空心球形态具有较大的比表面积，因此具有先进的水分解性能。

7.4.2　二元金属基层状双氢氧化物

一元过渡金属 LDH 具有较低的 OER 活性和电导率，幸运的是，通过将第二金属离子掺杂到一元过渡金属 LDH 中，形成的二元过渡金属 LDH（如 NiFe LDH、NiCo LDH 和 CoFe LDH）具有更高的 OER 性能，因此本节将对此进行总结和讨论。

1. 镍铁 LDH

　　LDH 的电导率低, 这是实现高性能的 OER 需要面对的主要挑战之一, 因此, 研究人员尝试应用各种方法来解决这个问题。2013 年, Dai 将 NiFe LDH 沉积在碳纳米管(CNTs)上, 由于碳纳米管的末端有许多可与金属中心配位的羧基, 得到 NiFe-CNTs LDH[图 7.14(a)]。所制备的 NiFe-CNTs LDH 在 1 mol·L^{-1} KOH 溶液中具有 31 mV·dec^{-1} 的 Tafel 斜率, 在 5 mA·cm^{-2} 下具有 290 mV 的过电位。在 1 mol·L^{-1} KOH 溶液中, 在 $\eta = 300$ mV 时, TOF 为 0.56 s^{-1}。此外, 在 5 mA·cm^{-2} 的恒定电流密度下, NiFe-CNTs LDH 表现出比 Ir/C 更好的稳定性。2014 年, Yang 团队通过用 GO 取代阴离子(CO$_3^{2-}$ 或 Cl$^-$)制备出氧化石墨烯(GO)插层 NiFe-GO LDH[图 7.14(b)]。所制备的 NiFe-GO LDH 在 10 mA·cm^{-2} 下的过电位低至 210 mV, 在 1 mol·L^{-1} KOH 溶液中的 Tafel 斜率仅为 40 mV·dec^{-1}。此外, 在 $\eta = 300$ mV 时, TOF 可以达到 0.38 s^{-1}。由于还原可以提高 GO 的电导率, 进一步通过肼还原 NiFe-GO LDH, 得到还原 GO 插层 NiFe- rGOLDH, 其过电位和 Tafel 斜率在 10 mA·cm^{-2} 时可以进一步降低至 195 mV 和 39 mV·dec^{-1} 时, 此外, 在 $\eta = 300$ mV 时, 其 TOF 可以达到 0.98 s^{-1}。同时, 交流阻抗谱表明 NiFe-rGO LDH 具有较高电导率。需要注意的是, NiFe-GO LDH 的层间距为 1.1 nm, 远大于 NiFe-CO$_3$ LDH 的层间距(0.75 nm), 表明 GO 已成功嵌入 NiFe LDH 中。并且 NiFe LDH 的层间距的扩大允许反应物的有效结合和产物的解离, 这就是观察到 TOF 急剧增加的原因。Zhan 等也分别通过溶剂热法和化学还原法制备了 NiFe LDH-GO 和 NiFe LDH-rGO 两个催化剂, 它们都是具有高性能的 OER。

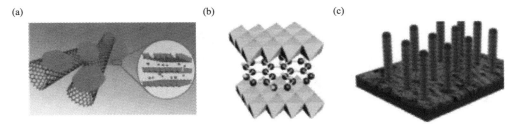

图 7.14　NiFe-CNTs LDH 结构示意图: (a)NiFe-CNTs LDH; (b) NiFe-GO LDH; (c)在导电 Ni$_3$S$_2$ 纳米棒上的 NiFe LDH

　　除了与导电碳材料结合外, 研究人员还应用了其他导电材料来降低 LDH 的电荷转移电阻。Wang 等制备了 NiFe LDH/Ti$_3$C$_2$-MXene 分级结构材料用于 OER。由于 Ti$_3$C$_2$-MXene 具有稳定性好、导电性好以及 Ti$_3$C$_2$-MXene 和 NiFe LDH 之间的接触电阻小的特点, 所制备的 NiFe LDH/Ti$_3$C$_2$-MXene 分级结构材料在 1 mol·L^{-1} KOH 溶液中, 当电流密度为 10 mA·cm^{-2} 时 Tafel 斜率为 43 mV·dec^{-1},

过电位约为 300 mV，当 η=300 mV 时的 TOF 为 0.26 s^{-1}。Zhang 等在导电 Ni$_3$S$_2$ 纳米棒上生长 NiFe LDH，如图 7.14（c）所示。由于 Ni$_3$S$_2$ 纳米棒比 NiFe LDH 富含电子，电子将流向 NiFe LDH，导致 NiFe LDH 部分还原。XPS 表明，为了保持电荷中性，在 NiFe LDH 中会产生氧空位，导致 NiFe LDH 活性增强。此外，负载在 Ni$_3$S$_2$ 纳米棒上后，活性位点的数量也增加了。在 1 mol·L^{-1} KOH 溶液中，当电流密度为 10 mA·cm^{-2} 时，过电位低至 190 mV，Tafel 斜率也只有 38 mV·dec^{-1}。Wang 报道了在镍泡沫上制备出 NiFe LDH@Au 杂化纳米阵列。所制备的 NiFe LDH@Au/Ni 泡沫在 1 mol·L^{-1} KOH 溶液中分别当电流密度为 50 mA·cm^{-2}、100 mA·cm^{-2} 和 500 mA·cm^{-2} 时仅具有 221 mV、235 mV 和 270 mV 的过电位。此外，与具有 71.1 mV·dec^{-1} 的 Tafel 斜率的 NiFe LHD/Ni 泡沫相比，NiFe LDH@Au/Ni 泡沫的 Tafel 斜率降至 48.4 mV·dec^{-1}。Huang 报道了制备出生长于 Ni 泡沫上的单晶 NiFe LDH 阵列，并且所制备的 NiFe LDH 阵列具有优异的 OER 活性，在 1 mol·L^{-1} KOH 溶液中，当电流密度为 10 mA·cm^{-2}、50 mA·cm^{-2} 和 100 mA·cm^{-2} 时其过电位仅为 210 mV、240 mV 和 260 mV，小于镀层 NiFe LDH 薄膜。此外，在 240~260 mV 的过电位区域中，Tafel 斜率为 31 mV·dec^{-1}，表明 NiFe LDH 阵列 OER 动力学更快和电流密度更大。Xie 等研究人员在 NiFe LDH 表面上生长出非晶态 NiFe-硼酸盐层，发现由于具有更高的表面粗糙度和更多的活性位点，OER 性能得到了极大的提升。NiFe LDH 对 OER 活性较高，但电导率较低。据报道，将电负性大的氧替换为其他电负性较小的元素，如硫、硒、磷和氮，可以提高 NiFe LDH 的价键强度，从而促使电导率提高和 OER 活性增强。

2. 其他镍基二元金属 LDH

除了 NiFe LDH，其他 Ni 基双金属 LDH，包括 NiCo、NiMn、NiCr、NiTi、NiV、NiGa 和 NiAl LDH 也得到了很好的研究，本节将对此进行讨论。Qian 等报道了 NiCo LDH 纳米片阵列负载在 Ni 泡沫上用于完全水分解。所制备的 NiCo LDH 在 10 mA·cm^{-2} 下的过电位为 271mV，在 1 mol·L^{-1} KOH 中的 Tafel 斜率为 72mV·dec^{-1}。值得注意的是，它是首次被用作完全水分解的双功能催化剂，在 10mA·cm^{-2} 的电流密度下，HER 的过电位为 162mV。类似地，Jiang 等报道了用于 OER 的 NiCo LDH 纳米片在 10mA·cm^{-2} 下具有 290mV 的过电位，在 1 mol·L^{-1} KOH 中的 Tafel 斜率为 113mV·dec^{-1}。XPS 表征表明 Co^{3+} 和 Co^{2+} 共存于制备的 NiCo LDH 中。Huang 还报道了 NiCo LDH 纳米片，其在 1 mol·L^{-1} KOH 溶液中当电流密度为 10mA·cm^{-2} 时具有 282mV 的过电位，并且 Tafel 斜率为 42.6mV·dec^{-1}。通过剥离后处理，Hu 报道了一种单层 NiCo LDH，其 OER 活性比块体 NiCo LDH 高得多，在 10mA·cm^{-2} 下，其过电位和 Tafel 斜率分别从约 390mV 和 65mV·dec^{-1} 下降到约 334mV 和 41mV·dec^{-1}，而 TOF 从 0.025 s^{-1} 增加到 0.01s^{-1}。

　　研究人员对元素周期表中族序号较小或者中间的过渡金属与 Ni 结合的 LDH 也有一些研究，但不可否认，与 NiFe LDH 和 NiCo LDH 相比，它们的研究相对较少，因为形成的 M—OH 和 M—O 键太强，不利于 OER。例如，Sun 报道了用于 OER 的 NiMn LDH，在 1 mol·L^{-1} KOH 中在 20 mA·cm^{-2} 下具有 640 mV 的过电位，却不如 NiFe LDH（1 mol·L^{-1} KOH 中 20 mA·cm^{-2} 时为 401 mV）催化活性高。Huang 还合成了 NiMn LDH 纳米片用于完全水分解。在这项工作中，在 10 mA·cm^{-2} 时过电位为 312 mV 的 NiMn LDH 不如在 10 mA·cm^{-2} 时过电位为 220 mV 的 NiFe LDH 催化活性高。NiTi LDH 作为制备 NiO-TiO$_2$ 超细纳米片的前驱体，对 OER 无催化活性，其 Tafel 斜率高达 290 mV·dec^{-1}，过电位为 500 mV 时的 TOF 仅为 0.009 s^{-1}。令人惊讶的是，Sun 团队报道了单层 NiV LDH 具有与 NiFe LDH 相当的 OER 活性。如图 7.15(a) 所示，V 存在 V^{3+}、V^{4+} 和 V^{5+} 三个价态。V^{4+} 和 V^{5+} 的存在是由于合成过程中 V^{3+} 被氧化。所制备的单层 NiV LDH（Ni$_{0.75}$V$_{0.25}$ LDH）在 1 mol·L^{-1} KOH 中具有 250 mV 的过电位、50 mV·dec^{-1} 的 Tafel 斜率和 (0.054 ±0.003) s^{-1} 的 TOF，而相类似的单层 NiFe LDH（Ni$_{0.75}$Fe$_{0.25}$ LDH）的过电位为 300 mV，Tafel 斜率为 0.064 mV·dec^{-1}，TOF 为 (0.021±0.003) s^{-1}。电化学阻抗谱（electrochemical impedance spectroscopy，EIS）表明 Ni$_{0.75}$V$_{0.25}$ LDH 具有较低的电荷转移电阻，因此具有较高的电导率。此外，如图 7.15(b) 所示，所制备的 NiV LDH 具有相当好的稳定性。利用 DFT 计算对 Ni$_{0.75}$V$_{0.25}$ LDH 的 OER 催化机理进行研究，发现 H$_2$O*、OH*、O*、OOH* 和 OO* 结合在 V 上，因此 V 应该是活性位点，其中，速率决定步骤是由 O* 形成 OOH*，它的过电位为 620 mV。

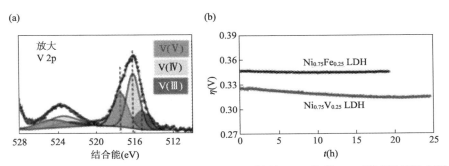

图 7.15　(a) 沉积在氟掺杂氧化锡上的 NiV LDH 颗粒的 V 2p 轨道 XPS 测试结果放大图；
(b) NiV LDH 和 NiFe LDH 的长期稳定性测试曲线

　　此外，研究人员还报道了一些主族元素与 Ni 结合的 LDH，如预期所料，它们的 OER 活性非常低。为了合成多孔 β-Ni(OH)$_2$，Wang 等首先制备了 NiGa LDH，然后通过碱蚀刻去除其中的 Ga^{3+}。但他们发现，制备的 NiGa LDH 的 OER 活性比 β-Ni(OH)$_2$ 纳米片稍好，但比通过刻蚀 NiGa LDH 制备的多孔 β-Ni(OH)$_2$ 差很多。同样，NiAl LDH 也被作为合成多孔 β-Ni(OH)₂ 的前体。例如，Zhang 和 Xie 采用 NiAl LDH 作为前驱体来制备 β-Ni(OH)₂ 超薄纳米网，其 OER 活性优异，与前驱体 NiAl LDH 相当。

3. 钴基二元金属 LDH

钴的 d 轨道电子比镍少一个，因此钴基二元金属 LDH 也备受关注。Li 等报道了用共沉淀法制备出 CoFe LDH，而且 Co/Fe 的比例可以从 0.5 调节到 7.4，其中 Co₂Fe LDH 的 OER 活性最高，在 10 mA·cm⁻² 时的过电位为 290mV，在 1 mol·L⁻¹ KOH 时的 Tafel 斜率为 83 mV·dec⁻¹。同样，一般认为含有大量缺陷的 LDH 具有更高的 OER 活性。Wang 等研究人员通过氩等离子体刻蚀制备了厚度为 0.6 nm 的超薄 CoFe LDH。与厚度为 20.6 nm 的块体对应材料相比，超薄 CoFe LDH 富含 Co、Fe 和 O 空位，这可以通过 Co、Fe 和 O 的配位数减少来证明。超薄 CoFe-LDH-Ar 的 TOF 为 4.78 s⁻¹，而块体的 CoFe LDH 的 TOF 为 1.12 s⁻¹，CoFe-LDH-Ar 在 10 mA·cm⁻² 时的 Tafel 斜率和过电位分别为 37.85 mV·dec⁻¹ 和 266 mV，远低于块体的 CoFeLDH（在 10mA·cm⁻² 时为 57.05 mV·dec⁻¹ 和 321 mV），主要是因为超薄 CoFe-LDH-Ar 具有更小的电荷转移电阻。Xiong 等报道了一种负载在钛网上的超薄 CoFe 硼酸盐涂层涂覆的 CoFe LDH 纳米片阵列，其在 10 mA·cm⁻² 下的过电位为 418 mV，在近中性条件下（0.1 mol·L⁻¹ K₂B₄O₇ 溶液，pH=9.2）具有较高的 OER 活性。

为了研究 Co 和 Fe 在 CoFe LDH 中的作用，Boettcher 设计了几个对比实验。与 TOF 为 (0.007±0.001) s⁻¹ 的 CoOOH（严格不含 Fe）薄膜和 TOF 为 (0.016±0.003) s⁻¹ 的 FeOOH 薄膜相比，当 Fe 含量 x 在 0.4~0.6 时 CoFeOOH 具有高达 (0.61±0.10) s⁻¹ 的 TOF；此外，当 x 在 0.33~0.79 内时，Tafel 斜率从纯 CoOOH 的 62 mV·dec⁻¹ 和纯 FeOOH 的 45 mV·dec⁻¹ 下降到 26.39 mV·dec⁻¹（图 7.16）。此外，研究人员发现随着 Fe 量的增加，Co²⁺/³⁺氧化电位向阳极偏移。考虑到 FeOOH 在碱性条件下 OER 过程中的电导率低和不稳定的特性，采用掺入 Co 的方法提高 CoFe LDH 的电导率，使其表现出更高的 OER 催化活性。

Hu 等研究人员报道了用于 OER 的超薄 CoMn LDH（3.6 nm）催化剂，其在 10 mA·cm⁻² 下的过电位为 325 mV，在 1 mol·L⁻¹ KOH 中的 Tafel 斜率为 43 mV·dec⁻¹，优于 Co(OH)₂ 和 Mn₂O₃ 的总和。有趣的是，经过阳极调节后，过电位可以进一步降低到 293 mV，这可能是与非晶层中 Co(Ⅳ) 物质的累积有关。Cheng 和 Liu 报道了用于 OER 的强亲电 Mn⁴⁺掺杂的 CoOOH 纳米片（即 CoMn LDH）。理论计算表明，Mn⁴⁺的掺入引起费米能级（主要是导带）的电子占有率变高，从而促进了 CoMn LDH 中的电子转移；此外，发现 Mn⁴⁺ 的加入使 OH⁻与 Co 的结合增强了 0.7 eV；由于更高的电导率和更强的 OH 结合能，CoMn LDH 表现出更高的 OER

活性，在 10 mA·cm^{-2} 时 η = 255 mV，在 1 mol·L^{-1} KOH 中 Tafel 斜率为 38 mV·dec^{-1}。

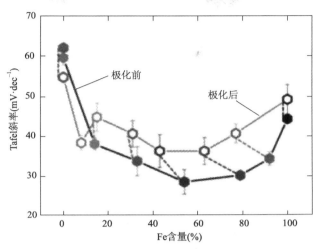

图 7.16　在 η=350 mV 条件下，2h 极化前（实心圆）和极化后（空心圆）的第二个循环伏安曲线（10 mV·s^{-1}）的 Tafel 斜率。虚线连接了极化前值和极化后值

　　考虑到 Co^{2+} 是 OER 活性位点，Cr^{3+} 基氧化物总是表现出良好的导电性，Huang 合成了用于 OER 的 CoCr LDH，其具有良好的导电性和 OER 活性。CoCr LDH 的电导率分别为 CoOOH 和 Co(OH)$_2$ 的 4.5 倍和 21.4 倍。研究 Co 和 Cr 的不同原子比发现，Co$_2$Cr LDH 的 OER 活性最好，在 10 mA·cm^{-2} 时过电位为 240 mV，Tafel 斜率为 81.0 mV·dec^{-1}，并且提出由于 Cr^{3+} 掺入改善了电子结构、提高了比表面积和增加了导电性，因此 CoCr LDH 具有高催化活性。Asefa 制备了用于水和醇氧化的 ZnCo LDH，其中 Co^{3+} 与 Co^{2+} 之比为 1，Co 与 Zn 之比也为 1。ZnCo LDH 在 0.1 mol·L^{-1} KOH 溶液中的过电位为 0.34 V，低于 Co$_3$O$_4$ 和 CoOOH，并且当 η 为 700 mV 时，TOF 可达 0.88 s^{-1}，具有高活性的原因可能是 ZnCo LDH 的法拉第电阻比 Co$_3$O$_4$ 小得多。尽管有人认为 Zn 对 OER 没有活性，而 Co 才是活性中心，但 Zn^{2+} 有助于钴离子在 ZnCo LDH 中形成高价态离子的，类似于 Ca^{2+} 在 [Mn$_3$CaO$_4$]$^{6+}$ 催化剂中的作用。不久，Xiang 等首先将 ZnSO$_4$ 和 CoSO$_4$ 混合，然后加入一些 H$_2$O$_2$ 将 Co^{2+} 氧化成 Co^{3+}，最后在三电极系统中将其电沉积成 ZnCo LDH。新制备的 ZnCo LDH 在 1 mol·L^{-1} KOH 中 2 mA·cm^{-2} 时的过电位为 427 mV（10 mA·cm^{-2} 时为 510 mV），Tafel 斜率为 83 mV·dec^{-1}；当 η = 700 mV 时 TOF 为 3.56 s^{-1}，远高于共沉淀法制备的 ZnCo LDH。CoAl LDH 也被报道作为制备用于完全水分解的 Al 掺杂的 CoP 纳米阵列的前驱体。

7.4.3　三元金属基层状双氢氧化物

虽然二元金属基 LDH 比一元金属基 LDH 具有更好的 OER 活性，但它们通常导电性较差。有人可能认为，第三种金属的掺入可能会在二元金属基 LDH 的禁带中引入新的能级，从而提高电导率，而且可能会增加活性位点的数量。一些掺钌和铱的 NiFe LDH，在碱性条件下具有很高的 HER 活性，但本节不进行讨论。

2014 年，Yang 的团队报道了用于 OER 的超薄 NiCoFe LDH，其在 10 mA·cm^{-2} 时具有 210 mV 的低过电位，Tafel 斜率为 42 mV·dec^{-1}，在 300 mV 的过电位下 TOF 为 0.7 s^{-1}，优于 Ni$_{10}$Fe LDH(在 10 mA·cm^{-2} 时 η=210 mV，Tafel 斜率为 55 mV·dec^{-1}，在 η=300 mV 时 TOF 为 0.53 s^{-1})。Ni$_8$Co$_2$Fe LDH 的比表面积为 80.44 m^2·g^{-1}，远大于 Ni$_{10}$Fe-LDH 的比表面积(46.05 m^2·g^{-1})，表明共掺入能增大比表面积从而使更多活性位点暴露出来，而且掺入 Co 后，电荷转移电阻也大大降低。受 Ni^{2+}/Co^{2+} 掺入水钠锰矿层间空间以提高 OER 活性的事实启发，Yan 等制备了钴插层 NiFe LDH，旨在获得更好的 OER 活性。根据扩展 X 射线吸收精细结构谱拟合结果发现 Co—O 键长介于 CoOOH 和 Co(OH)$_2$ 之间，而且 Co^{2+} 和 Co^{3+} 共存。DFT 计算表明，用 Co^{2+} 取代 Ni^{2+} 可以通过降低 O* 和 OOH* 之间的 Gibbs 自由能差来降低 OER 的过电位(780 mV)，而用 Co^{3+} 取代 Fe^{3+} 会使 OER 的过电位更低(680 mV)，OER 活性更高，由于 Co 的 3d 轨道和 O 的 2p 轨道在价带最大值处的杂交而改变了 O* 和 OOH* 的结合强度。Reguera 也报道了 NiCoFe LDH，由于低自旋构型中的 Co^{3+} 被认为是镍离子上铁效应的屏蔽，它对镍氧化电位有调节作用，使其在 10 mA·cm^{-2} 下的过电位仅为 250 mV。

此外，Sun 教授报道用于 OER 的三元 NiFeMn LDH 在 1 mol·L^{-1} KOH 中 20 mA·cm^{-2} 的过电位为 289 mV，比 NiMn LDH(在 20 mA·cm^{-2} 的过电位为 640 mV) 和 NiFe LDH(20 mA·cm^{-2} 时为 401mV)更低。DFT 计算和表面电阻表明，与 NiFe LDH 相比，NiFeMn LDH 具有更高的 OER 活性，是由于 Mn^{4+} 调控了 NiFe-LDH 的电子结构，从而提高了电导率。Liu 等报道了 NiFeV LDH 在 20 mA·cm^{-2} 时的过电位仅为 195 mV，在 1 mol·L^{-1} KOH 溶液中的 Tafel 斜率为 42 mV·dec^{-1}，远优于 NiFe LDH(在 20 mA·cm^{-2} 时 η=249 mV，在 1 mol·L^{-1} KOH 中 b=49 mV·dec^{-1}) 和 NiV LDH(在 20 mA·cm^{-2} 时 η=330 mV，在 1 mol·L^{-1} KOH 中 b=72 mV·dec^{-1})。DFT 计算和电化学阻抗谱证明，NiFeV LDH 的 OER 活性较高归因于 V 掺杂改性后电导率的增加。此外，NiFeV 的电化学活性面积也比 NiFe LDH 大，表明 NiFeV LDH 具有更多的活性位点。

为了制备具有原子尺度缺陷的 NiFe LDH，Kuang 等首先制备了 NiFeZn 和 NiFeAl LDH 前驱体，然后通过碱性刻蚀法获得含有 NiFeZn 和 NiFeAl LDH 的缺陷，分别表示为 D-NiFeZn LDH 和 D-NiFeAl LDH。D-NiFeAl LDH 的 OER 活性

低于 NiFe LDH，但高于 NiFeAl LDH。有趣的是，D-NiFeZn LDH 表现出比 NiFe LDH 和 NiFeAl LDH 更高的 OER 活性，在电流密度为 20 mA·cm^{-2} 时，其过电位仅为 200 mV，并且生成的 D-NiFeZn LDH 具有丰富的 Ni—O—Fe 单元结构，被认为是活性中心。DFT 计算表明，从 OH*形成 O*是速率决定步骤，并且 D-NiFeZn LDH 比 D-NiFeAl LDH 的过电位低。Rezvani 和 Habibi 报告，三元 NiFeZn LDH 比二元 NiFe LDH 具有更好的 OER 活性，而且其 OER 可以在中性条件下进行，并且 Tafel 斜率可以降低到 16 mV·dec^{-1}，而 NiFe LDH 的 Tafel 斜率为 29 mV·dec^{-1}。然而，在 300 mV 的过电位下，电流密度只有 5.41 mA·cm^{-2}，表明三元 NiFeZn LDH 具有更好的 OER 性能是由于 Zn^{2+}掺杂致使其具有更高的导电性。

7.5　析氧反应的机理研究

尽管对过渡金属基 OER 催化剂进行了实验研究，但由于模型不精准，对其结构—组成—性能关系的理论研究还远不能令人满意。实际上，只有 β-Ni(OH)$_2$ 的结构被准确确定了，它属于 $P\bar{3}m1$（青铜矿）空间群，晶格参数为 $a = b = 3.12$ Å 和 $c = 4.66$ Å。Carter 通过 DFT + U 计算，发现纯 β-NiOOH 具有质子交错结构，并且是反铁磁性的（图 7.17）。

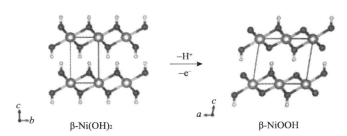

图 7.17　β-Ni(OH)$_2$ 的实验结构示意图和 β-NiOOH 的计算结构示意图

研究催化剂的表面具有根本的重要性，因为大部分的 OER 都发生在表面，催化剂的不同表面可能导致不同的反应性能。由于 β-NiOOH 与 LDH 有相似的结构，并且可以被改性成活性更高的 OER 催化剂，Carter 对 β-NiOOH 在真空和水溶液条件下的稳定性和化学性进行了理论计算，结果表明，由于{011$\bar{N}$}和{012$\bar{N}$}晶面存在，真空中的表面稳定性遵循(0001) > {011$\bar{N}$} ≫ {012$\bar{N}$}的顺序，N=0,1。然而，在水性条件下，稳定性顺序变为(0001) > {011$\bar{N}$} ≈ {012$\bar{N}$}，这是由于水在{011$\bar{N}$}和{012$\bar{N}$}晶面的解离和吸附作用，使悬挂键的数量减少。这里只研究了低指数晶面，因为考虑到低指数晶面比高指数晶面更稳定，而且没有实验证据表明在反应过程中会产生高指数表面(图 7.18)。

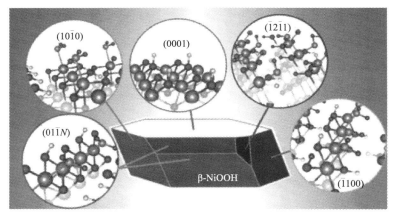

图 7.18　在水性条件下 β-NiOOH 代表性的低指数晶面示意图

　　NiOOH 催化的 OER 机理由于相对简单但又很重要,已被大量研究。众所周知,(0001)晶面是最稳定的,OER 最有可能发生在(0001)晶面。Carter 利用 DFT 对 β-NiOOH 的(0001)晶面的单点联合机理、双核 H_2O—O 机理、双核 OH—OH 机理和双核 H_2O_2 机理进行计算,发现双核 H_2O_2 机理在热力学上是较难进行的,而双核 H_2O—O 机理和双核 OH—OH 机理的过电位最低(约 0.5V),低于单点联合机理(约 0.6V),但 7.3 节已经说明,双核机理在动力学上是不可行的,因此单点联合机理可行性较大。Nørskov 和 Bell 也利用 DFT 计算来研究 β-CoOOH 的 OER 催化机制,发现(101$\bar{4}$)晶面(η = 480 mV)比(011$\bar{2}$)晶面(η = 800 mV)的过电位低。因为(101$\bar{2}$)晶面富含 Co^{3+},而(101$\bar{4}$)晶面有更多的 Co^{2+},当 OH^- 与(101$\bar{4}$)晶面结合时会产生 OH^*,并将晶面的 Co^{2+} 氧化成 Co^{3+},而与(011$\bar{2}$)晶面结合时,将 Co^{3+} 氧化成 Co^{4+},Co^{3+} 转化为 Co^{4+} 会导致 OH^* 结合力过弱,因而 OH^* 的形成是反应的决定性步骤。对于(101$\bar{4}$)晶面,OH^* 的形成能最佳值为 1.23 eV。

　　关于镍还是铁是 NiFe LDH 的活性位点存在争论很久了,大多数工作支持铁是活性位点。Kundu 已经对 NiFe LDH 活性部位的争论进行了很好的综述。为了更好地了解在(Ni,Fe)OOH 中 Fe 和 Ni 之间的协同作用,Goddard 使用大经典量子力学方法进行了广泛的计算,为争论提供了启示。他们认为,铁和镍都是活性位点,而高自旋的 d^4 铁(Ⅳ)可以稳定活性的 O 自由基中间体,而低自旋的镍(Ⅳ)则催化随后的 O—O 偶联,因此,正是铁和镍之间的协同作用给予了(Ni,Fe)OOH 最佳 OER 活性。此外,经计算,过电位和 Tafel 斜率为 420 $mV·dec^{-1}$(图 7.19)和 23 $mV·dec^{-1}$,与实验中的 300~400 mV 和 30 $mV·dec^{-1}$ 相一致性。

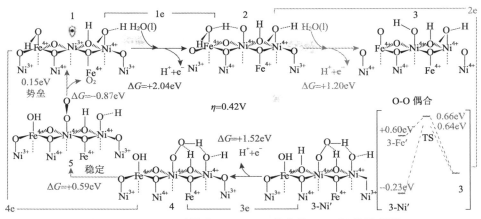

图 7.19　Goddard 计算的 NiFe LDH 催化的 OER 机理示意图

在确定了 Fe 可以稳定 O 自由基从而促进 OER 的假设后，Goddard 进一步进行了 DFT 计算，用其他过渡金属(3～9 组)代替 Fe。结果发现，Co、Rh 和 Ir 掺杂的 NiOOH 可以更好地稳定 O 自由基，并表现出更低的过电位，分别为 270 mV、150 mV 和 20 mV。尽管 Goddard 提出 NiCo LDH 比 NiFe LDH 具有更好的 OER 活性，但实际上它的表现比 NiFe LDH 差，这可能是由于 Co 对形成的氧(O^*)基团的稳定能力较小，因为金属和氧 π 键的反键轨道上的电子数较大，如图 7.20 所示。可以预计，d 轨道中较少的电子数可以导致更强的金属—氧键；然而，如果金属—氧键太强，也不利于 OER，这可能是 NiMn LDH 和 NiTi LDH 表现出较差 OER 活性的原因。

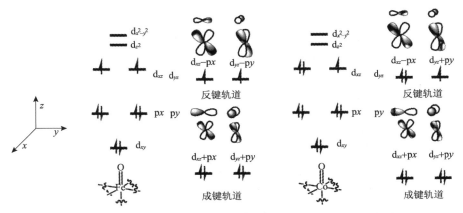

图 7.20　含 Fe＝O 和 Co＝O 复合物的分子轨道分析示意图

由于 Ni^{4+}的强氧化能力负责催化 O—O 偶联，可以预计如果金属的氧化能力下降，金属催化 O—O 偶联的能力也应该下降。在元素周期表中第四周期的过渡金属中，随着其电负性较低，具有相同正电荷的金属离子的氧化能力会下降。事实上，将 Ni 改为 Co，金属离子的氧化能力下降了，可以看到 CoFe LDH 的 OER 活性相对 NiFe LDH 也下降了。

7.6　结论与展望

综上所述，非金属元素掺杂效应受到了研究人员的极大关注，引发了人们对过渡金属化合物的电化学特性的探索。毋庸置疑，这一研究浪潮将会持续很久。本章对已经开发的合成二元非金属 TMC 的方法进行了总结，这些方法包括传统的热注法、化学气相沉积法、固相/气相掺杂、便捷的水热/溶剂热法、固态法和热注入法。

研究发现，在过渡金属化合物晶格中引入外来的非金属原子可以极大地调控母体 TMC 的电子结构，并使氢气吸附自由能向热中性方向转移，因而致使其 HER 的催化性能得到提高。同时，加入更大或更小半径的外来非金属原子可以引起 TMC 晶格的变形，有利于被吸附分子的键断裂，从而提高位点活性以及增加活性位点。此外，在电子结构调控的同时，DFT 计算还成功地观察到二元非金属 TMC 的带隙变窄，与母体 TMC 相比，导电性增强，这可以提高化学反应动力学，从而提高 HER 电催化性能。

尽管用于 HER 的二元非金属 TMC 材料方面的研究已经取得了不错的成果，但仍然存在着许多需要克服的挑战，举例如下。

（1）难以合成组分可控的二元非金属 TMC 材料。

从合成的角度来看，要合成具有均匀分布的外来非金属原子和所需成分明确的二元非金属 TMC 材料仍然相当困难。为了获得均匀的化学成分，固态合成方法是一种很好的方法，但它反应温度较高和反应时间较长，因此仍然需要努力开发一种有效的方法来合成成分可控和均匀的二元非金属 TMC 材料。

（2）难以确定二元非金属 TMC 材料中掺杂的外来非金属原子的精确位置。

尽管已经有各种报道显示成功地掺入了外来非金属原子，但要表征掺杂的外来非金属原子的精确位置仍然非常困难。这使得实际上很难理解外来非金属原子是如何调节电子结构的，从而影响 TMC 催化剂的物理化学性质。目前，利用最先进的光谱和显微镜表征技术，如 X 射线吸附光谱(X-ray adsorption spectroscopy，XAS)、HRTEM、STEM 和扫描隧道显微镜(scanning tunneling microscopy，STM)，以及理论计算可能有助于揭开外来非金属掺杂和被调制的电子结构之间的隐藏联系。

（3）需要进一步提高其 HER 电催化性能。

　　尽管二元非金属 TMC 催化剂作为贵金属催化剂的低成本替代品，已经取得了比其母体 TMC 催化剂更好的 HER 催化性能，但目前大多数应用合格的 HER 催化剂仍以贵金属如 Pt 为基础，因此，显然需要进一步改善其 HER 电催化性能。对于实际应用来说，理想的电化学催化剂应该具有低过电位和低 Tafel 斜率，这可以作为参考指标来指导设计和制造更好的无贵金属 HER 电催化剂。图 7.10 总结和比较了一些典型的二元非金属 TMC 催化剂，如非金属掺杂的过渡金属磷化物(X-MP)、非金属掺杂的过渡金属氮化物(X-MN)和非金属掺杂的过渡金属硫化物(X-MS)的 HER 性能特征(过电位和 Tafel 斜率)。可以看到，与非金属掺杂的过渡金属氮化物和硫化物(X-MN 和 X-MS)相比，非金属掺杂的过渡金属磷化物(X-MP)表现出较低的过电位和较低的 Tafel 斜率，阐明这些结果的机理是未来的研究之一。因此，更详细的研究应着重理论计算和实验研究之间的相互作用，以解决结构设计和合理制备方面的重要问题，精确控制 HER 催化剂的形貌和晶体结构，而且形貌和晶体结构的设计应考虑到析氢反应过程中的界面吸附和原子/分子传输等问题。经过研究人员的不懈努力，有望进一步改善 X-MP 的 HER 电催化性能，并实现其作为 Pt 基 HER 催化剂替代品的愿景。

　　本章还总结了 LDH 催化剂的 OER 的最新进展，提供了评估 OER 催化剂性能的基本参数。为了深入了解 LDH 的本征活性，首先讨论了一元金属基 LDH 的性能，由于其较差的导电性和缺乏协同效应，对于 OER 活性较低；接着讨论了二元金属基 LDH，其对 OER 的活性要高得多，特别是 NiFe LDH 具有合适的 M—OH 键强度，既不太强也不太弱，致使它的 OER 活性高于其他镍基二元金属 LDH，而且由于 Ni^{4+} 具有很强的氧化能力，可以促进 O—O 键的形成，因此它具有比非 Ni 基 LDH 更好的 OER 活性；最后讨论了三元金属基 LDH，其掺入两个金属离子，增加了导电性，使 Ni-O-Fe 活性点位暴露出来，因而显示出很好的 OER 活性。

　　尽管 LDH 作为一种有潜力的 OER 催化剂在过去几年中得到了很好的研究，但要实现这些催化剂在电化学水分离制氢方面的实际应用，还需要解决一些关键问题。

　　(1)众所周知，具有高 OER 活性的 LDH 都具有非常高的电导率，但其机理还不清楚。此外，已经注意到，LDH 的电导率取决于所施加的电位，因此，应系统地研究电导率，特别是 LDH 的固有电导率、LDH 与基底之间的接触电阻率以及与应用电位相关的电导率，对 LDH 催化剂 OER 活性的影响。

　　(2)应进一步研究过渡金属之间的协同效应，即含有更多不同过渡金属的 LDH 具有更高的 OER 活性，以获得基本原理，而不是简单地通过现象观察。目前，NiFe LDH 中 Ni 和 Fe 之间的协同效应已经比较清晰，但其他二元过渡金属基 LDH 和三元过渡金属基 LDH 中不同金属离子之间的协同效应还有待阐明。

（3）应鼓励理论研究和实验研究之间的密切配合，不仅要解决热力学问题，还要解决 OER 催化过程中间步骤的动力学问题。例如，应该找到导致 OOH* 和 O* 形成的关键过渡态，以便更好地理解 OER 催化的动力学。对于大多数 LDH 来说，过渡金属在 OER 发生之前会被过氧化，因此，在未来的研究中应考虑到对其预氧化，以便更好地了解 LDH 的活性晶体结构，这在目前的实践中通常被忽略。

（4）大多数 OER 实验是在高碱性条件下进行的(pH>13)，但较少报道在酸性和中性条件下能够进行 OER 的催化剂，因此今后应进一步加强这方面的研究。

7.7　问　　题

1. 比较不同水制氢方法的优缺点，并对其发展前景提出了自己的看法。
2. 水电解制氢催化剂的主要类型是什么？主要的制备方法及其优缺点是什么？
3. 用于电解水制氢的膜电极需要改进什么？
4. 如果你是一位寻求投资制氢技术的商人，你会选择哪种制氢方法？原因是什么？
5. OER 的机制是什么？选择 OER 催化剂的基本标准是什么？
6. 基于过渡金属基层状双氢氧化物的析氧电催化剂的优缺点是什么？

参 考 文 献

Elbert K., Hu J., Ma Z., Zhang Y., Chen G., An W., Liu P., Isaacs H. S., Adzic R. R., and Wang J. X. *ACS Catal.*, **5**, 6764-6772(2015).

Hu J., Zhang C. X., Meng X. Y., Lin H., Hu C., Long X., and Yang S. Y. *J. Mater. Chem. A*, **5**(13), 5995-6012 (2017).

Li H., Tsai C., Koh A. L., Cai L. L., Contryman A. W., Fragapane A. H., Zhao J. H., Han H. S., Manoharan H. C., Abild-Pedersen F., Norskov J. K., and Zheng X. L. *Nat. Mater.*, **15**, 48-54(2016).

Long X., Wang Z. L., Xiao S., An Y. M., and Yang S. *Mater. Today*, **19**(4), 213-226 (2016).

Morales-Guio C. G., Stern L. A., and Hu X. L. *Chem. Soc. Rev.*, **43**, 6555-6569(2014).

Voiry D., Salehi M., Silva R., Fujita T., Chen M. W., Asefa T., Shenoy V. B., Eda G., and Chhowalla M. *Nano Lett.*, **13**, 6222-6227 (2013).

Wang Z., Long X., and Yang S. H. *ACS Omega*, 3(12), 16529-16541 (2018).

Zheng Y., Jiao Y., Jaroniec M., and Qiao S. Z. *Angew. Chem. Int. Ed.*, **54**, 52-65(2015).